百年时尚裙装设计

——永远改变时尚的100个裙装创意

THE DRESS

[英] 玛妮·弗格（Marnie Fogg） 著

何韵姿 何清颖 译

東華大學出版社·上海

图书在版编目（C I P）数据

百年时尚裙装设计/（英）玛妮·弗格著；何韵姿，何清颖译.--上海：东华大学出版社，2019.5

ISBN 978-7-5669-1551-1

Ⅰ.①百… Ⅱ.①玛… ②何… ③何… Ⅲ.①裙子－服装设计 Ⅳ.①TS941.717

中国版本图书馆CIP数据核字(2019)第082926号

合同登记号：09-2016-069

责任编辑 谢 未
装帧设计 王 丽

百年时尚裙装设计
BAINIAN SHISHANG QUNZHUANG SHEJI

著 者：[英] 玛妮·弗格
译 者：何韵姿 何清颖
出 版：东华大学出版社
（上海市延安西路1882号 邮政编码：200051）
出版社网址：dhupress.dhu.edu.cn
天猫旗舰店：http://dhdx.tmall.com
营销中心：021-62193056 62373056 62379558
印 刷：深圳市彩之欣印刷有限公司
开 本：889 mm × 1194 mm 1/16
印 张：14
字 数：493千字
版 次：2019年5月第1版
印 次：2019年5月第1次印刷
书 号：ISBN 978-7-5669-1551-1
定 价：298.00元

THE DRESS

100 ideas that changed fashion forever

Marnie Fogg

目录

简介

女装时尚的核心在于连衣裙，它是检验时尚变化的最佳媒介，同时也是衣橱当中作为新风向标的首选服装品类，有时更展现了意想不到的流行趋势。创新是本书中精选的所有带时尚标志性的裙子的统一属性，是一种技术精湛、不随大流的特征，这种特征也可能是基于设计师的独特视角而创造的结果，同时这个创新的概念最初是由裁缝路易·希波利特·勒鲁瓦（Louis Hyppolite Leroy）提出的。19 世纪初，勒鲁瓦在为约瑟芬皇后和拿破仑的宫廷设计服装时，在欧洲上层社会掀起了高腰柱状礼服的时尚潮流。由于路易十四颁布了纺织品贸易法规，巴黎于 17 世纪率先成为西方时尚的中心，其中心地位在 1868 年法国高级时装联合会（Chambre Syndicale de la Haute Couture）成立后愈发巩固。这个联合会推崇高定设计师们不走寻常路的设计实践，此举为原创、具有变革意义的创新理念的形成铺垫了道路。

时尚常被人们视为一种周期现象，且是有预见性的周期现象，但它更多地是复杂的相互作用，将过去与未来的设计理念交织在一起，并受到更广泛的文化的影响。例如，20 世纪中期，查尔斯·詹姆斯（Charles James）和克里斯汀·迪奥（Christian Dior）在其新风貌设计中都对查尔斯·弗雷戴里克·沃斯（Charles Frederick Worth）于 19 世纪中叶创作的克里诺林裙（crinoline）进行了再次设计，后来亚历山大·麦昆（Alexander McQueen）和约翰·加利亚诺（John Galliano）也有所引用。然而时装的变化有时不可避免地与时代相冲突——那时，紧身胸衣和沙漏型身材盛行，这促使设计师们不断迸发灵感，推出颠覆性的服装廓型。其中，最受瞩目的是由法国设计师让·巴杜（Jean Patou）和可可·香奈儿（Coco Chanel）于 20 世纪 20 年代设计的管状直筒衬裙，这种简洁的服装廓型后来又被玛莉·奎恩特（Mary Quant）于 20 世纪 60 年代采用。这些以及其他突破性的设计都被记录在本书中，并且本书从裙装的多样化设计到后来对它们的重新诠释，展现了多年来时尚风格变化的生动画面。

左页图： 巴黎的高级时装设计师保罗·波烈（Paul Poiret）是 20 世纪蜂腰改革的第一批发起者之一，主张解除腰部的束缚，他将妇女从紧身胸衣中解放出来的这项活动也被誉为改变时尚历史进程的创举。该照片摄于 1921 年，由他的妻子担任模特并展示这件晚礼服。

上图： 由巴黎装饰主义风格画家安德烈·爱德华·马蒂所绘制的这张画刊登在 1922 年的法国时尚杂志 *Gazette du Bon Ton* 上，标题为“可驯服的鹿——温顺的母鹿”，画中服装的设计师为波烈，他在这套服装当中将“异域风情”纺织面料与宽松、简洁的服装设计结合在了一起。

亚马逊风格裙

亚马逊是古希腊神话中的一个种族，族人均为女战士，其因无所畏惧和勇武好战而成为传奇。相传，亚马逊女战士为了使所有的力量都集中在右手臂和肩部以便更好地拉弓，不惜将右边乳房切掉。单肩礼服裙经常被称做“亚马逊风格”（Amazonian），这个名词的含义也衍生为像亚马逊女战士一样拥有健美的体型。直到 20 世纪 20 年代，当具有塑型感的体型成为流行的代表，人们才首次意识到健身对于女性的重要性。为此人们开始大力开展各项体育运动，例如网球、游泳和集体自行车骑行活动。健美操，一种由美国现代舞先驱邓肯 · 伊莎多拉（Isadora Duncan）推广的运动形式，代表了人们对身体力量和自由渴望的觉醒。

古希腊的古典形式美与身体的完美性有着千丝万缕的联系。阿里克斯 · 格雷斯夫人（Madame Alix Grès）是 20 世纪最重要的高级时装设计师之一，她在追求古典艺术审美的同时采用了创新的工艺技术。1954 年，她将采用密集打褶单面针织工艺制成的带有动感的半裙与一件造型纤细的紧身上衣相结合，制成了一件犹如古希腊雕塑般美丽的单肩礼服。

20 世纪 80 年代宣告着以“亚马逊风格”为美的健美时代的到来，当代女商人纷纷穿着带有尖角式垫肩的套装系列，搭配高细跟的鞋子。女人们受到电影女星简 · 方达（Jane Fonda）一段运动视频的影响，纷纷效仿去“感受燃烧”，要想成为一个典型的“雅皮士”，首先得是一个常去健身馆的人。已故的戴安娜王妃是亚马逊风格的典型代表之一，她生前一直钟情于穿着能突显出她健美体型的单肩礼服长裙，其中包括 1984 年前往日本访问时所穿着的饰有半透明玻璃珠子和水晶的一件白色礼服，以及 1988 年由凯瑟琳 · 沃克（Catherine Walker）所设计的印有红色玫瑰花的真丝塔夫绸礼服。正是由于戴安娜对自己的穿衣风格信心满满，才使得单肩礼服能够完美地衬托她在巅峰时期的状态。例如，1996 年她因穿着一件由意大利设计师詹妮 · 范思哲（Gianni Versace）所设计的孔雀蓝色礼服裙而成为时尚界的经典形象。

单肩长裙并不总是局限于晚礼服。受到作为 2012 年英国奥运代表队的服装创意设计师这一角色的影响，英国设计师斯特拉 · 麦卡特尼（Stella McCartney）将独袖的设计风格运用到了她个人品牌的同年春夏系列中，设计出一件由埃尔特克斯（Aertex）网眼织物启发的运动网格材料与软绸印花混搭的短至大腿的迷你裙。此外还有下摆裁成圆弧形的三角背心，其设计灵感来自于自行车运动选手的背心。

左图： 1954 年，由格雷斯夫人阿利克斯 · 巴顿（Alix Barton，1903—1993 年）所设计的晚礼服展示了这位女装设计师对打褶和悬垂的巧妙运用。金色的腰带斜向穿过胸前，在腰部打了一个华丽的蝴蝶结，令人联想到庆典。

右页图： 超级名模娜奥米 · 坎贝尔穿的这款单肩礼服，与希腊的雕塑风格发生了共鸣，罗马雕塑家帕西特利斯的人物雕塑作品就模仿了这一风格，如胜利的亚特兰大（众所周知的巴尔贝里尼 · 亚特兰大）公元前一世纪的女猎人。

蛇女神裙

穿着由爬行动物的皮所制成的服装能让人感到令人惊叹的性感和危险性，这是缘于蛇类蜿蜒的线条和它带有致命性攻击的特性。同时也唤起了人们心中有关蛇的女神形象，比如在克里特文明中被古代克里特岛上的人们所崇拜的“持蛇女神”，以及希腊罗马神话中的“美杜莎”，那位满头都是吐着蛇信发出嘶嘶声的毒蛇美人。相传只要谁将目光转向她，就会被诅咒变成永远保守这个古老秘密的石像。

自夏娃受蛇诱惑品尝伊甸园的苹果起，那些如蛇般妖娆的女人就一直被认为是致命的妖妇。从拉斐尔派到 19 世纪末的颓废派，艺术家都将蛇与专门诱惑无知男子的美丽女子联系起来。相对地，像蛇那样通过蜕皮来更新皮肤，也被看作重生与进化的象征。在由艾萨克·奥利弗（Isaac Oliver）为伊丽莎白一世（Elizabeth I）所创作的彩虹肖像画中，伊丽莎白所穿着的礼服裙的袖子上就绣着一条嘴里镶嵌着一颗心形红宝石的盘绕着的蛇，这条被视为象征着智慧的巨蛇含着象征女王的心的红宝石，意在表达女王的智慧战胜了情感。

不同于兽类的皮，爬行动物的皮通常没有实际的保护性作用，习惯性的使用也纯粹是因为这类皮上所产生的随机视觉图案效果。亚历山大·麦昆在 1998 年纪梵希高级定制系列中创造了一种类似第二层皮肤的具有像盘踞的蛇一样蜿蜒曲线的廓型，并用紧密排列的银色刺绣来演绎爬行动物的鳞片。这位天才设计师还为他的末世幻想系列“柏拉图的亚特兰蒂斯”设计了印有神话中的海蛇的数码印花面料，并在这个系列中将面料塑造成带有紧身胸衣的帕尼尔（Pannier）式连身短裙。

蛇皮是设计师们永恒的视觉参照物，艾尔丹姆·莫拉里奥格鲁（Erdem Moralioglu）在 2013 年春夏系列中将他的标志性蕾丝与色彩柔和的仿蟒蛇皮拼接在一起。

与鳄鱼皮和蜥蜴皮一样，蛇皮被认为是皮类当中的“异类”，同属爬行动物皮类的一种。在过去，几乎所有种类的蛇皮都曾被作为制作时尚服装的材料，其中最值得一提的当属由奥西·克拉克（Ossie Clark）于 20 世纪 70 年代设计的蟒蛇纹机车夹克。然而，服装行业使用动物真皮制作时装在现代社会引发了越来越多的争议，并受到动物权利保护者们的谴责。

左页图： 设计鬼才亚历山大·麦昆（1969—2010 年）将精湛的剪裁技术与印有神话中的海蛇的面料结合，在其 2010 年春夏系列中展开了一幅名为“柏拉图的亚特兰蒂斯”的末世幻想画卷。

右上图： 被古代克里特人所崇拜的“持蛇女神”（考古学家阿瑟·埃文斯在 1903 年为该雕像创造的术语），双手各执一蛇。这座女神像代表着毁灭和新生的力量，其裸露的胸部和丰满的臀部代表着生育能力。

右图： 伊丽莎白一世的这张被称为“彩虹肖像”（16 世纪）的画像得名于题于该画作的一段拉丁文“Non sine sole iris”（没有太阳就没有彩虹）。伊丽莎白一世在这张画像中穿着一件奢华的且带有象征意义的礼服。

古典风格裙

巴黎时装设计师阿利克斯·巴顿，后来被称为“格雷丝夫人”（见第 8 页），为了设计符合古典形象的女裙，对面料的可雕塑性进行了探索，最后运用复杂的褶裥、打褶和立体裁剪技术创造了一款后来被称作“女神礼服”的长裙。这件礼服的廓型借鉴了古希腊和古罗马时期具有凹槽的圆柱上的线条，同时也参考了古希腊时期男女穿着的名为“希顿”（Chiton）的服装。这种服装象征着高贵的地位，通过它的饱满度来传达财富和声望，我们可以从左图即公元前 475 年德尔斐的车夫雕像中看到它的样式。

格雷丝夫人在创造右页插图中这件礼服时候围绕面料的幅宽进行制作。她擅长将布料垂直地缝合在一起，形成一条从下摆到领口的连续线，并运用打褶或者缝制塔克的方式使面料合体并呈现灵动的线条。这如雕塑般的服装廓型，灵感来自雕像和在装饰瓶上找到的图案，选择悬垂性好且能够制造如雕刻般褶裥的材料，并采用中性色调如奶油色、石头色和灰色，制成超长的服装。

古典风格的复兴通常是作为普通礼服的替代品，但在 20 世纪 30 年代，古典主义垂褶礼服，偶尔是单肩的款式，运用腰带或抽绳来束紧面料，在受到经济衰退冲击的环境中，为人们带去朴素低调的美，成为当时选择晚礼服的主流标准。尽管马德琳·维昂内特的礼服在某种程度上与真实的古典主义风格有所不同，但她还是把织物的悬垂性发挥到了极致，通过她的创新技术，延续了古典主义服装的精髓。自 20 世纪 30 年代以来，古典主义一直是设计师们最爱的风格之一，同时也是红毯安全装扮的最佳选择，可在不卖弄和裸露的情况下，凸显穿着者姣好的曲线。

尽管这是一种不过时的设计，但根据流行的风格，对古典风格进行细微调整还是显而易见的。1973 年，以现代极简主义闻名于世的美国设计师哈尔斯顿（Roy Halston Frowick）推出了一种像长袍一样的打褶披肩，该披肩是用雪纺缠绕而成，用来搭配晚礼服。法国时装设计师伊曼纽尔·昂加洛（Emanuel Ungaro）于 1990 年制作的古典长袍，追随那个时代流行的宽肩廓型，用垫肩加宽了肩部。2003 年，汤姆·福特（Tom Ford）为古驰设计了一款性感的 21 世纪新古典主义垂挂式裙装。

左图：这个真人大小的雕塑——德尔斐的车夫，由青铜铸造制成，追溯至公元前 5 世纪。它也被称为 Iniohos（意思是“握着缰绳的人”），该人物穿着运动版的长希顿，即 xystis。高腰的设计凸显了织物的悬垂性。

右页图：在整个职业生涯中，服装设计师格雷丝夫人一直在使用不破开的具有完整长度的布料进行创作，比如她在 1965 年创作的这件复制了古希腊希玛纯（Himation，一种披肩式服装）的晚礼服，其由轻薄的真丝雪纺制成，披挂在身上。

埃及风格裙

埃及风格的服装其实是融合了古代埃及服饰的一些基本理念而制成的，尽管古希腊时期的希顿（Chiton）服装与新王国时代（公元前1500年至公元前332年）的卡拉西里斯（Kalasiris）服装，其相似之处仅仅为使用同样未经剪裁的宽布料制作服装。卡拉西里斯是一种带有长流苏饰边的男女皆可穿着的半透明服饰（男士通常将其穿着在腰衣（Schenti）之外，腰衣是一种用腰带系紧的打褶服装）。这种由优质轻薄亚麻布制成的有明显褶裥的鞘状衣，长度只到胸部下方，由肩带固定。肩膀上披盖着由银或金制成的精致串珠领子（披肩），上面镶嵌着紫水晶、绿松石、天青石，以及绿色及红色碧玉这类半宝石。古埃及风还在1788—1789年拿破仑·波拿巴征战埃及后，在新古典主义的大框架中蔓延开来。拿破仑记录下了埃及的文物、建筑和自然历史，最终将这些发现收录于巨著《埃及记述》中，掀起了一场埃及狂热风。受埃及风打褶裙的影响，那个时期的新古典式裙装的形态发生了改变。

埃及服装的奇幻色彩是通过电影呈现的，首次出现在大屏幕中的是荧幕妖姬希妲·芭拉（Theda Bara）于1917年所扮演的埃及艳后（Cleopatra）；接下来是由克劳德特·科尔伯特（Claudette Colbert）于1934年出演的，由塞西尔·B·戴米尔（Cecil B. DeMille）执导的描述古埃及最后一位法老的史诗级电影。科尔伯特的电影中埃及艳后的服装结合了卡拉西里斯和20世纪30年代的服装廓型，演变成一条由华丽的绸缎制成的拖尾斜裁长裙。

最著名的一次埃及狂热风的复兴出现在1922年，当时少年法老王图坦卡蒙的墓室被霍华德·卡特（Howard Carter）发现，人们对埃及的关注热情被有关考古的新闻短片以及大量史诗般的影片所引燃。古埃及图像弥漫在现代文化之中，同时古埃及主题与在20世纪二三十年代流行起来的装饰艺术风格有着密不可分的联系。除了装饰风格的建筑和家具，高度风格化的美学与简约的流行廓型相互协调在一起，代表埃及的图像，例如棕榈树、象形文字，以及圣甲虫与用几何图形表现的植物，在当时都被运用到装饰艺术中。

上图：由设计师马克·巴杰利（Mark Badgley）与詹姆斯·米奇卡（James Mischka）联合创建的美国品牌巴杰利·米奇卡（Badgley Mischka），受到古埃及法老图坦卡蒙（Tutankhamun）的马赛克风格珠宝的启发，将装饰性极强的图案运用于锦缎面料中，重新诠释了精确对称的埃及法老风格的长礼服裙。

右页图：塞西尔·B·戴米尔执导的成名作《埃及艳后》中的女主角，演员克劳德特·科尔伯特穿着由20世纪30年代派拉蒙影业（Paramount Pictures）的首席设计师特拉维斯·班通（Travis Banton，1894—1958年）所创作的奇幻埃及裙。

刺绣裙

放眼全球各国服饰文化，用奢华的刺绣来彰显财富和地位已经有至少 2500 年的历史了。使用链式针法缝制的精美真丝绡碎片可以追溯到公元前中国周朝晚期的仪式礼服。从把原料织成布后上色，再到用丝线和其他贵重材料制成装饰花纹，这其中的每一道工序都需要艰苦的、高强度的劳动过程。因此，刺绣工艺品才具有了很高的价值，这也意味着它成为了上乘的奢侈品。

不论是通过宫廷法令还是市场导向，华丽的手工艺面料都是与珠宝和异域宝藏一起出现在富豪、君王和贵族们的消费品中。占有昂贵奢侈品的欲望极大地刺激了全球贸易，促进了贸易中心的发展和扩张，比如威尼斯和拜占庭。在中世纪的英格兰，专业的刺绣技艺工作坊在行会的控制之下日益壮大，闻名于整个欧洲，专有名词称为“英国刺绣制品”（English Work，Opus Anglicanum）。

从尼古拉斯 · 希利亚德（Nicholas Hilliard）为伊丽莎白一世女王（Queen Elizabeth I）所创作的肖像画（1575 年）中，我们可以看到极致奢华的盛况，耗费了数以万计的工时，巧妙而明确地彰显了画中人“荣光女王”的地位。女王着装的布料上缀满丰富的珍宝，领口和袖口配有上乘刺绣镂空花边，紧身上衣有浮雕金饰，橡树叶图案和珍珠作为饰纽，大量宝石排列成为腰带，肩膀上是由白亚麻底黑丝刺绣成的蕾丝制成都铎王朝时期王室风格的玫瑰花样式。

4 个世纪过去后，奥利弗 · 鲁斯汀（Olivier Rousteing）通过类似的创意为他在巴尔曼（Balmain）的第二个设计系列，即 2012/2013 年的秋冬系列，设计了毫不遮掩贵气的刺绣裙子。他的创作原型来源于俄国皇室的珠宝艺术家彼得·卡尔·法贝热(Peter Carl Fabergé)。法贝热每年为他的主顾——沙皇大帝家族，制作用珠宝装饰、造型精巧的复活节蛋，鲁斯汀从这当中汲取了不少灵感。出于某种程度上的致敬，以及对法贝热皇家巴洛克风格巧妙且小心翼翼的平衡，鲁斯汀打造出了一条紧密贴合身体且浓墨重彩的长袖皮革刺绣长裙，用金属珠子、装饰珍珠、绗缝和十字绣做图案装饰，尽显皇室最核心的礼仪，这条巴尔曼裙有着直立的领型和醒目的垫肩，整套装束比起先前都铎王朝和沙皇时期的奢华都毫不逊色。

左页图： 法国设计师奥利弗 · 鲁斯汀（1986—）为巴尔曼高级定制系列打造的这条极致结构化的裙子结合了多种传统和当代的刺绣工艺。其中包括皮革的激光切割打孔和珍珠、水晶缀饰。

上图： 画作由微图画家尼古拉斯 · 希利亚德在 1572 年创作完成，被称为“凤凰肖像”（The Phoenix Portrait），得名于伊丽莎白一世胸前佩戴的垂坠饰针。这幅画将女王刻画成了一个宗教性标志，她服饰上精致的细节象征着她的地位和成就。

甲胄裙

身体护甲与服装有着直接联系，它既符合大众时尚潮流，也为服装的发展带来了灵感，虽然比起女性服装来说，它对男性时尚的变化影响更多。

早期人们运用坚硬的皮革、层叠的鳞片、亚麻填充物，以及金属板等材料制作盔甲用于保护腹部。 札甲，这种由互相连接的片材及金属丝所做成的盔甲，最先出现在公元前的亚述国，在秦始皇陵（公元前210年）发掘出的兵马俑也穿戴着这种盔甲。这些兵马俑穿戴的盔甲是由捆绑的金属板所制成的，而这些金属板则是由黄铜或硬皮制成的。罗马盔甲包含一个皮质的胸甲，它是按照人体躯干所雕刻的带有肌肉纹理的护甲，在19世纪的盛装游行活动以及化装舞会中风靡一时， 并且对当代电影中超级英雄的服饰设计产生了一定影响。锁子甲是由一系列的铆接环（该名字源于法语单词“链环”）相互连接而制成的，这种盔甲在整个中世纪的战争中为士兵们所广泛使用，与板甲一起被运用到了13世纪初的战争中，以应对弓弩的袭击。

盾牌、旗帜以及徽饰上采用的突出色彩和纹章设计的标识，旨在于战争中增加识别度。在文艺复兴时期，尽管全套甲胄能提供完整的保护，但如瑞士佣兵那样的步兵部队却并不穿着甲胄，而是穿着设计精良的双色紧身上衣和长筒袜。可以说，这个军队开启了改良服装的新潮流。他们大大降低了衣服领口，露出醒目的白色亚麻布内衣，营造出具有装饰效果的泡褶。德国雇佣兵（长矛兵）仿照了瑞士士兵的穿戴风格，而这种穿衣风格又被法国宫廷所模仿。随着亨利七世的姐姐玛丽嫁给法国君主路易十二，法国宫廷式衣装风格迅速传入英国。相似的效果在17世纪的服装界再次显现，受到军用背心的启发，袖窿处原本衔接的袖子和紧身胸衣留出适当的空隙，以显露出穿着在内部的宽松无袖内衣和衬衫。19世纪， 由于伦敦塔军械库的改造以及中世纪思潮的复苏，人们对盔甲的兴趣再度燃起，包括重现16世纪的马上比武竞赛， 以及让奢华的化妆舞会代替了早期的乔装舞会形式。

左图：让·保罗·高提耶（Jean Paul Gaultier，1952—） 在其同名品牌的2010年春夏高级定制中将他擅长运用的胸衣与战士穿戴的盔甲元素相结合，并且镶嵌饰钉的单侧环状金属袖与纤弱易碎的金属感蕾丝完美地融合在一起。

右页图：此件金属晚礼服是约翰·加利亚诺（1960—）为克里斯汀·迪奥的2006/2007秋冬高级定制设计的。其中包含了网状头饰以及护肩甲，该部件的灵感来源于文艺复兴时期的盔甲。

锁子甲裙

将气势磅礴的中世纪骑士装与羽毛装饰，以及 20 世纪 60 年代实验性的未来主义相结合，前卫设计师帕科·拉巴纳（Paco Rabanne）将他的工业设计经验运用在了他 1969 年设计的锁链式连衣裙中。摒弃了传统的服装制作技术以及时装面料，1966 年，这位设计师使用金属环或铆钉将刚硬的材料结合在一起完成了他的第一个时装系列，并发出挑衅般的宣言“用现代材料制作的 12 件不可穿的服装”。该系列为拉巴纳赢得了革命者这一声誉。他所创作的服装都是以塑料、铝和人造琥珀（一种醋酸纤维素）为原料，以一副金属切割器、钳子和焊枪代替缝纫机和线为工具进行制作。拉巴纳与安德烈·库雷热（André Courrèges），还有皮尔·卡丹（Pierre Cardin）一样，都是 20 世纪 60 年代现代主义的先驱，他将这个时期的核心概括为科技的进步以及方法的融合。

尽管锁子甲裙诞生于 20 世纪 60 年代，但它却是脱胎于盔甲护具，一般被认为是由凯尔特人发明的，后来被罗马人广泛使用。锁子甲裙由一系列柔韧的铆接环所构成，在整个中世纪一直被使用，并在 13 世纪初用于应对战争的变化和强弩的攻击。拉巴纳的简约版战袍裙就是基于锁子甲而设计的，这条短至大腿根的裙子由金属针织网构成，穿在一条由金属盘构成的短裙之上。链甲上的护头罩向上延伸形成一个头帽或护喉甲，从而保护颈部，在其下方还排列着许多立体的金属盘，成为盔甲披肩或者护颈甲。

现代化的技术已经能够生产与锁子甲具有相同效果的服装，而且与盔甲相比更加灵活和轻盈。设计师曼尼什·阿若拉（Manish Arora）于 2011 年接过了帕科·拉巴纳品牌的帅旗，并推出了创于 1966 年的琥珀圆片裙的当代版本。裙子采用人体数字扫描的方式以确保合体，创造出一种更少盔甲感却含有更多蛇皮的感觉，同时每一个圆片上所描绘的银色蟒纹都不一样。同样保持了这家品牌时装屋传统技艺的莉蒂亚·毛雷尔（Lydia Maurer）在拉巴纳品牌的首秀中采用了一种更加精细轻盈的织网，将织物与金属混合在一起设计了 2013 春夏时装。

右图和右上图： 为了 1967 年的“身体首饰”系列，出生在西班牙弗朗西斯科的帕科·拉巴纳（1934—）运用他作为珠宝设计师的经验，创造了一个未来主义的超短背心连衣裙，其由通过金属环连接的反光人造琥珀圆片所构成。

帕科·拉巴纳将带有工业色彩的时尚盔甲装与20世纪60年代的简洁造型相结合，于1967年打造出锁子甲裙。拉巴纳还在1968年罗杰·瓦迪姆（Roger Vadim）执导的未来派性感芭蕾舞剧中运用这种美学为简·方达（Jane Fonda）设计了一套戏服。

左图：著名的法国设计师克里斯托弗·狄卡宁(Christophe Decarnin）为品牌巴尔曼（时尚界最贵的品牌之一）的2010春夏系列所设计的这款女神级锁子甲礼服裙，还结合了亚马逊风格的夸张肩部。这款服装与20世纪90年代初期詹尼·范思哲所设计的金属网服装产生共鸣。

右页图：印度籍设计师曼尼什·阿若拉为法国品牌帕科·拉巴纳创立了一个新的成衣设计部门，并于2012年春夏推出了一个名为“女性之光”（Femme Lumière）的系列。带有锋利肩部造型的迷你连衣裙极为合体地包裹住身体，凸显了该品牌的未来主义风格。

左图：在亚历山大·麦昆最后一场时装秀上，这位天才设计师将拜占庭的图案通过数码处理的方式转化到华丽的手工提花面料中，同时在红色面料上采用金色重工钉珠刺绣工艺。精致的工艺与经典服装廓型相结合，展现了一套简约又庄重的晚礼服。

拜占庭风格裙

在整个中世纪，君士坦丁堡（现在的伊斯坦布尔）一直是世界上最大且最富有的城市。希腊人始建于公元前 7 世纪的拜占庭，在公元 330 年由君士坦丁大帝（Constantine the Great）在此建立了罗马帝国的第二首都，并根据自己的名字将其改名为君士坦丁堡。随着公元 476 年西罗马帝国的灭亡，君士坦丁堡变得更加繁荣，并且得益于其占据分隔欧亚大陆的伊斯坦布尔海峡的地理优势，成为当时的世界贸易中心。随着东罗马帝国的崛起，这个城市的商业成功与发达的丝制品产业紧紧联系在了一起，作为设计和纺织技术的传播通道，拜占庭织物最大的特点是绚丽丰富的颜色和使用金线混织的工艺。长着翅膀的马、狮子以及其他想象出来的或者真实的动物被组合在一个典型的圆形几何纹样当中，这些产自拜占庭的织物图案通常象征着权力。这些华丽的丝织品在当时是专供宫廷使用的，某些颜色，比如由提取自贝类动物的泰尔红紫染成的丝织品，更是与查士丁尼一世（Emperor Justinian I）和狄奥多拉皇后（Theodora）穿着的华丽服装密不可分。

这种利用华丽的图案和宝石装饰的宽松长袍是从罗马帝国的托加长袍演变而来的，而其面料的质地和表面装饰又受东方文化的影响。由于拜占庭时期立体雕塑艺术衰退，马赛克（使用一种耐用的介质，例如彩色玻璃或者能用做镶嵌砖的小石头，组合而创造出图案）成为当时宗教和艺术里一种必不可少的组成部分。这种装饰在物品上的复杂图案通常表现为虔诚的圣徒以及基督和圣母的神圣形象，这种被称为圣像（源自希腊语“Eikones”）的图案同时被意大利设计师杜梅尼科 · 多尔奇 (Domenico Dolce) 和斯蒂芬诺·嘉班纳 (Stefano Gabbana) 作为他们 2013/2014 年秋冬系列服装设计的灵感来源。

作为拜占庭帝国的一种可移动性艺术，这些神圣形象同样可以被制成壁画或者其他马赛克图案，永久地保留在教堂的内部装饰中。D&G 两位设计师就是参考了建于 12 世纪的蒙雷阿莱大教堂当中的拜占庭马赛克图案，才创造出了一系列精妙绝伦的金色马赛克刺绣裙。香奈儿 2011 年初秋系列灵感则明显来自身披以金子点缀的紫色奢华托加式长袍的狄奥多拉皇后。许多全球知名高端品牌的市场扎根于许多不同的文化中，如香奈儿和杜嘉班纳这样的品牌都在有意地汲取近东、中东，以及其他亚洲的传统文化，并将其体现在自己的设计中。

右上图：查士丁尼一世的配偶狄奥多拉皇后，穿着与其财富与地位相称的奢华长裙，胸前垂挂着与头饰相结合的珍珠串链。

右图：受拜占庭宗教文化及狄奥多拉皇后着装的影响，杜梅尼科 · 多尔奇 (1958—) 和斯蒂芬诺 · 嘉班纳 (1962—) 为 2013/2014 年秋冬秀场而设计的能与拜占庭王朝巅峰时期服饰相媲美的奢华晚礼服。

小丑装——菱形彩格裙

早在 12 世纪，整个欧洲就随处都能发现五颜六色的小丑服的影子。在意大利，阿里奇诺（Alichino）于 14 世纪初作为一个恶魔的形象出现在但丁的《神曲》中，塑造了一个经久不衰的恶棍形象。后来，在即兴喜剧中以阿莱基诺（Arlecchino）之名和一个吊儿郎当的样子重现，这个模样慢慢通过其宫庭小丑装束上的艳丽图案为世人所熟知。作为一群流动表演者，即兴喜剧团体是最早的剧院职业形式之一，经历了从街头即兴表演到固定角色表演的发展过程。这种形式最早出现在 16 世纪的罗马，尽管团队在整个欧洲巡演，但即兴喜剧更多地是与威尼斯和狂欢节联系在一起。

热爱纵酒狂欢的贵族渐渐地将即兴喜剧的戏剧服装用在洛可可化装舞会上，以凸显颓废堕落和都市文雅的特质。这些经久不衰的角色用不同装束来区分不同的原型，也依次代表了文艺复兴时期的时尚潮流。比如：吝啬的威尼斯商人潘塔洛内（Pantalone），19 世纪男性穿着的贴身裤子就以他穿着的紧身裤命名；来自博洛尼亚的书呆子格拉齐亚诺博士（Dottore Graziano）；悲伤的小丑皮埃罗（Petrolino/Pierrot），他的脸型像软皮馅饼一样，穿着带有褶边装饰的宽松罩衣和松垮的裤子；穿着仆人装束的小鸽子（Colombina）；穿黑白条纹服装的大摇大摆的胆小鬼（Scaramuccia/Scaramouche）；还有普钦内拉（Pulcinella），木偶剧《潘趣与朱迪》中的潘趣一角就是自此得名。

小丑阿莱基诺，这个来自贝加莫的淘气仆人，可能是其中最为著名的角色，他标志性的服装是菱格图案的夹克和裤子，有着对比强烈的色彩。它们最初是色彩鲜艳的块面，后来变成了规整的菱形。在 17 世纪晚期和 18 世纪的化妆舞会上，即兴喜剧成为了一种流行的娱乐活动，从让·安东尼·华托（Jean Antoine Watteau）的一系列以葱郁的田园风光中身着贵族和戏剧服饰的人物为主角的画作中可见端倪。这位艺术家 1717 年的画作《西泰尔岛的巡礼》，直接启发了维维安·韦斯特伍德（Vivienne Westwood）1989 年的“西泰尔岛之旅”系列作品，这是维维安的“英国必须异教徒化”的设计系列之一。设计师把合身剪裁的短上衣和小丑装的紧身裤结合起来做成她钟爱的版型，变成与骨撑紧身胸衣相连的迷你蓬裙（见第 85 页）。

左上图： 这幅铅笔与水彩绘制的素描是 1921 年莱昂·巴克斯特（Léon Bakst，1866—1924 年）（革命性舞蹈团体俄罗斯芭蕾舞团的服装和布景设计师）为芭蕾舞剧《睡美人》设计的服装。它采用了小丑装的菱格图案。

左图： 法国画家尼古拉斯·朗克雷（Nicolas Lancret，1690—1743 年）的一幅名为《即兴喜剧演员》的画作中，滑稽的皮埃罗站在舞台正中。他标志性的装束是松垮的白色前扣上衣、宽松的白色灯笼裤和褶饰衣领，典型的皮埃罗形象后来还包括一顶黑色无檐便帽。

右图：伦敦设计师维维安·韦斯特伍德（1941—）的1989年“西泰尔岛之旅”系列直接借鉴了尼古拉斯·朗克雷的画作，为小鸽子和她的爱人阿莱基诺设计了印有菱格花纹的平针织物。

ÆTATIS SVE
21
ANº DOMINY
1569

花卉印花裙

人类天生渴望能复刻自然世界。从鲜花、动物到风景，大自然持续不断地激励和启发设计师，让他们产生对田园牧歌的向往。带着一种可以从斯宾塞（Spenser）、西德尼（Sydney）和莎士比亚（Shakespeare）的文学作品中发现对鲜花的热爱之情，人们对采用花卉纹饰作衣服点缀的制衣热情在伊丽莎白时代达到了顶峰。制作繁复绣花长袍的英国刺绣师们孜孜不倦地寻找一种表达这种情感的方式，比如从1590年出版的《科莱尔特》（*Collaert*）的花卉集锦这类印刷植物标本集中寻找设计灵感。与此相反，一种小规模程式化的印花开始变得流行起来，这得益于17世纪从印度港口卡里卡特进口的印花图案的"印花棉布"（Calicoes），其成为了织锦和丝绸的廉价替代品。当伦敦东印度公司在1600年获得了特许之后，西方商人可以委托他们生产自己喜欢的花卉图案，从而给这项印度工艺注入了欧洲特色。洛可可时期，花卉意象和自然主义设计，与旋涡装饰结合起来，形成了一种不对称或贝壳形空间嵌入蛇形花环或缎带的装饰风格。

维多利亚时代的英国是世界上第一个城市化社会，作为对工业革命后的机械化，以及维多利亚式设计僵硬的、程式化的花卉图案的回应，威廉·莫里斯（William Morris）重新引入了艺术家/匠人的概念，制作强调自然生长的植物花卉印花图案。在20世纪中期，花卉意象和高端时尚之间的关系通常是通过印刷媒介来传达的，尤其是在20世纪60年代，"花的力量"（Flower-Power）象征着与权威势力相抗衡的自然力量。

21世纪的时尚设计师，比如玛丽·卡特兰佐（Mary Katrantzou）、艾尔丹姆（Erdem）和约翰森·桑德斯（Jonathan Saunders），在印花、激光切割和装饰方面运用了新技术来表现鲜花的魅力。拉夫·西蒙（Raf Simons）的克里斯汀·迪奥高级定制首秀2013春夏系列，使用了珠饰、刺绣和贴花花卉装饰以向他的前辈致敬。克里斯汀·迪奥继承了他母亲对鲜花的热爱，他曾在自传中提到自己很高兴能记住花朵的名字和种类。他的首个广受赞誉的时装系列毫不出人意料地被命名为"花冠"（Corolla），意思是"被许多花瓣簇拥"。

左页图：创作于1569年左右，这幅画中的肖像人物可能是北安普顿侯爵夫人艾琳·乌尔夫斯多特·斯纳克伯格——伊丽莎白女王一世宫廷的女傧相，穿着一件绣有都铎玫瑰（有时称作联合玫瑰）的礼服，这是英格兰传统的花卉纹饰。

左上图：加拿大出生的设计师艾尔丹姆·莫拉里奥格鲁（1977—）采用了一种类似珠宝色泽的大胆色调，其中包括柑橘黄、红宝石色和紫晶色，与绿色一起营造了缀满"植物"的裙边，构成了一条具有外工字褶的数码花卉印花钟型裙。

左图：比利时设计师拉夫·西蒙（1968—）为他的第一个克里斯汀·迪奥系列举办了一个百花齐放的盛典，花卉用珠子、水晶、丝绸花和线通过三维立体手工刺绣完成。色彩丰富、浓淡有致的图案装饰了裙摆和紧身胸衣。

布袋裙

1957 年，巴黎时装设计师赫伯特 · 德 · 纪梵希（Hubert de Givenchy）推出的一款革命性的无袖宽松女服，或称布袋裙，定义了一种全新的时尚理念。这条裙子具有颠覆性的原因之一是他在争议中摒弃了当时流行的沙漏造型，而选择了一种创新式的“无腰身”线条。这种袋形直筒连衣裙的造型最初来源于一种宽大的短外套，或是后背打褶的礼服裙，以“吾奥朗特罗布”（Robe Volante）而闻名，最早出现于 1705 年前后，其颈部后面垂下来的整片硬质褶裥是主要特色。在路易十五时期，这种宽身长袍提供了一种相较法国宫廷里充满约束的穿衣规则而言更为随意的女性着装方式，代表了当时较为宽松的社会风气和自由主义。后来它被称为“华托服”，这是因为画家让 · 安东尼 · 华托（1660—1721 年）描画过很多他的姐妹们穿着这种服装的场面，包括 1720 年创作的名为《追逐》（*The Halt During the Chase*）的画作。在 1710—1760 年期间，各个社会阶层都接受了这种风格的长袍，尽管使用的面料根据阶级的不同而有所差异，上层贵族用丝绸和绸缎，仆人阶层用更简朴的面料。虽然对宫廷礼服而言，华托服太过随意，但它的褶裥披肩慢慢演变成了裙裾，成为法式长袍的特色之一，它与圆形裙撑或“篮子”衬裙相结合，构成一个矩形廓型。

纪梵希的布袋裙最初被看成是先锋派，这也与那个时代被紧身胸衣束缚的女性追求更大行动自由的愿望有关。有时尚媒体不愿承认这种刻意遮盖女性身材的服装，认为这种造型很“不雅”，但这条裙子却被广泛地模仿，而且受到了职业女性的青睐，她们享受着它的管状造型所带来的舒适和自由。裙身从肩缝线直接垂下，绕开腰部而在裙摆处收紧，形成了一件改良版的筒裙。它标志着时尚观念从 20 世纪 50 年代的成熟优雅到之后追求单纯天真的变化。布袋裙后来做了腰部收紧的微调，成为了紧身裙的前身，后者是 20 世纪 60 年代大放异彩的服装风格，适合崔姬等模样纯真的青少年特质。

上图： 让 · 安东尼 · 华托的画作《追逐》描述了当时的流行时尚，该画家以开创了“宫廷盛宴”（Fête galante）的体裁而闻名，在这样的作品中，优雅的人们以僻静的公园为背景进行交谈或开展奏乐等活动。

右页图： 这是一件 1957 年纪梵希布袋裙的复制品。以管状线条和“无腰身”的廓型为主要特点，柔软的针织布袋裙受到了男性的指责，他们认为这种裙子取代了收腰裙和沙漏身材的传统吸引力，而刻意否定女性的性魅力。

拖尾裙

一件带有长拖尾的服装能使人一眼辨认出穿着者是出自上流阶层，因为对于她们来说，穿着这种令人行动不便的裙子并不是什么太大的问题。这种长拖尾礼服裙通常采用简洁的上半身和肩部细节——任何肩部结构夸张的裙子一般都搭配较短的底摆。拖尾裙最早出现在受法国宫廷风影响的中世纪服装中，随着纺织品产业的蓬勃发展，这种带有长拖尾的服装开始变为财富、等级和头衔的象征。15 世纪中期，礼服裙下摆开始呈现逐渐加长的趋势，这些额外的面料被一条饰带束起形成一些面料堆积的复杂褶皱，通常内里还添加了毛皮的衬里。拖尾有时作为一些现有款式的延伸而存在。曼图亚（Mantua）是一种穿在硬挺紧身上衣和裙子之外的全长型女用外套，到 17 世纪末期，曼图亚上的拖尾变得更长，同时在侧面形成错综复杂的褶皱，并在背面固定，以显现出其精致的衬里。

到了 18 世纪，从法国萨克裙（French saque，背部宽松的礼服，见第 30 页）后肩部垂下的的双褶开始演变为硬挺的褶裥，能够最大限度地展现出面料的奢华。从 1840 年开始，裙摆的周长变得越来越长，用于裙子上的面料也越来越多，而由查尔斯 · 弗莱戴里克 · 沃斯于 19 世纪所创造的独特裙垫廓型，成为节约这种带超大裙摆的克里诺林裙的面料用量的方式之一。这种新型的裙垫将打褶的面料制成张开的鱼尾形式的拖尾，日常装和晚礼服均适用，同时在拖尾的末端安置一个可以与手腕相连接的丝带装置，以便于行走。19 世纪末，这位高级时装设计师通过简单地从后腰部分加长裙子的长度，以创造一种半圆扫尾型拖尾。

20 世纪 50 年代浪漫主义的复兴将拖尾裙的魅力重新带回到晚礼服裙中，以高级时装设计师查尔斯·詹姆斯、克里斯汀·迪奥，以及杰奎斯 · 菲斯（Jacques Fath）为代表，使用全丝硬缎打褶的结构或者不对称的立裁造型制作拖尾裙。拖尾裙是好莱坞巨星们征战红毯时的最佳选择，通常是以加了鱼骨塑型的无肩带或是单肩礼服亮相。拖尾裙也常常出现在狂热的复古主义设计师约翰 · 加利亚诺的设计中，在他的作品中不难看到受 18 或 19 世纪女装影响的设计元素。

上图： 画作《阿诺菲尼的婚礼》（1360 年）是由扬 · 凡 · 爱克（Jan Van Eyck）所创作的杰出经典之作。画中妻子所穿着的胡普兰衫（这种长衫是男女均可穿的多用途长衫）中长长的扫尾是体现画中这对商人夫妇丰硕财富的象征。

左图： 1998 年由约翰 · 加利亚诺所设计的玛丽亚 – 路易莎礼服将法式袍服中的三角胸衣与造型夸张的 19 世纪中期女装中的硬裙撑相结合，呈现出华丽的超大裙摆，上面装饰着大量的蝴蝶结与环形褶裥。

上图：著名的巴伐利亚美女卡洛琳·瓦德伯特巴森海姆（Caroline von Waldbott–Bassenheim）的肖像，是由马术艺术家阿尔布雷克特·亚当（Albrecht Adam，1786—1862年）在1850年绘制的。这幅画展示的是一名穿着狩猎男装的女骑手，她的装束包含一件剪裁考究的翻领紧身上衣、白色长袜，以及一顶大礼帽。

骑马裙

以骑马装为灵感的时尚装束具有普遍的吸引力。除了精良的裁剪与传统的面料以外，马术的其他装备——精心打磨的皮革、缰绳、背带、腰带和扣带——都别具特色。首件专属于女性的骑马裙是在17世纪的法国诞生的，为了方便跨坐，裙子的后片开了衩，不过到18世纪初，骑马的服装都是为了让女性侧坐在马鞍上而设计的，这是因为在那个时期，女性跨坐在马鞍上是不体面的。在17世纪、18世纪和19世纪初，所有有关马术的装备都是基于男性马术装备而制作的。

在时髦的摄政时期，骑马装一般包括一件裙式长款外套或骑装式长大衣，当中往往包含一些以轻骑兵和其他军装为灵感的军装风格元素，例如滚边、 穗带装饰、肩章，以及军装盘扣。但到了18世纪，骑马装又有了新的改进，英国乡村狩猎者的服饰成为了新的灵感来源，骑马装在裁剪上变得更为简洁，也更注重功能性。女骑马装的裙子部分以长裙裾为特色，这是为了保证女性侧骑在马鞍上时腿部能够完全被裙子所覆盖，从1850年起直到20世纪初，女骑士们穿的这种裙子从左侧垂下，裙长至马刺。右骑的裙子更长，当骑手下马后，还需要将裙摆扣在腰线上来调节长度。通常在裙子的内部会有一个扣环或是系绳用于固定长裙裾，以便于行走。

到了20世纪初，跨坐骑马成为了社会所能接受的行为，女性开始穿着开衩式的裙子，后来又演变为马裤，早期的女骑手裙被人们束之高阁。然而这种由裁剪精良的紧身上衣、束腰以及立裁长裙构成的骑手装却受到当代设计师们的喜爱，并出现在他们的服装系列中，其中就包括当时克里丝汀·迪奥的设计总监约翰·加利亚诺。法国奢侈品牌爱马仕(Hermès)也是从制造马具产品起家的——蒂埃利·爱马仕(Thierry Hermès)1837年在巴黎开设了一间作坊用以专门出售马车的配件，1929年推出高级定制服装系列，2008年先锋设计师让·保罗·高提耶被任命为该品牌的设计总监。在其任职期间，他继续保持了爱马仕对细节的高品质追求以及皮革制造的精妙工艺，将品牌在马具领域的传统与其他领域相结合，包括一些服用装备，例如焦特布尔骑马裤、鞭子，以及束腰，所有的产品都体现出与马术相关的元素。

右页图：让·保罗·高提耶将爱马仕公司经典的马鞍针法运用在了2010/2011年秋冬系列的黑色皮革骑马装中。马鞍针法是将两根针与两条蜡线交叉缝纫并反向拉紧的针法。

约依印花裙

只使用单一颜色的染料将田园风光印刷在一个白色背景上，这种印花方式称为“Toile de Jouy”（约依印花），单词“Toile”是法语中布料的意思，而“Jouy”则是取自于制造这种面料的小镇的名字，是对拿破仑一世时期的法国新古典时尚的轻质棉布的完美补充。这种面料过去是在印度织造的，印花后的面料经由英格兰运送到法国，这是由于法国政府在 1686 年禁止进口印度纺织品，以防止其对本国丝绸、羊毛，以及面料制造业造成经济影响。这条禁令最终在 1759 年解除，同时法国涌现出大量工厂，以满足其印花棉料的需求，其中就包括 1760 年由巴伐利亚的雕刻及色彩艺术家克里斯多夫·菲利普·奥贝坎普夫（Christophe-Philippe Oberkampf）在靠近法国凡尔赛（Versailles）的茹伊昂若萨（Jouy-en-Josas）所建造的奥贝坎普工厂。

在最初的十年中，设计的图案均采用木版印刷法（雕版印刷）印刷，自 1770 年以后开始使用铜版蚀刻法进行印刷。尽管这项技术在英国和爱尔兰已经使用了很多年，但奥伯坎普夫是第一家将铜版印刷技术引入法国的棉布生产商。铜版蚀刻印刷法产生的线条比木版印刷法更细腻，其将光和阴影的效果引入到图像中，并且还能够做出更大的循环图案。这种技术标志着运用单色印刷法来表现乡村风景的开始，它描绘了 18 世纪法国贵族眼中所看到的特征场景，该面料也因此而出名。1797 年，铜辊被运用到了印刷设备当中，加快了生产速度。1783 年，奥贝坎普夫委托当时一流的艺术家们设计包含人物形象的田园风光图案，并任命著名的画家让·巴蒂斯特·霍特（Jean-Baptiste Huet）为总设计师，也正是在同一年，奥伯坎普夫工厂被路易十六授予了“皇家制造”的称号。1806 年，工厂达到鼎盛时期，但矛盾的是，也正是由于印刷技术的现代化，直接导致了约依印花工艺的消亡，奥伯坎普工厂在 1843 年宣布倒闭。

在当代时尚界中，约依印花工艺一般用于服装的内里，而维维安·韦斯特伍德是为数不多的将这种单色图案运用在其服装设计中的设计师之一，例如她 1995 年的春夏系列，该系列的特点就是运用了约依印花工艺来表现她最具特色的克里诺林廓型。

上图：纪尧姆·亨利（Guillaume Henry）作为有着 70 年历史的巴黎时装品牌卡纷（Carven）的创意总监，在 2013 年春夏将单色的约依印花运用在了时装系列中。有所不同的是，这位设计师用包括长颈鹿和老虎在内的野生动物图案取代了常见的欧洲田园风光。

右页图：从 1995 年春夏创作的“Erotic Zones”系列开始，维维安·韦斯特伍德将传统的白底粉画约依印花图案运用在了带有裙撑的紧身连衣裙上，灵感来自于革命开始前的法国。

右页图： 在这幅 1779 年的插画中，这条垂挂式蓝白色亚麻波洛涅兹裙，边缘镶着绘有五彩花朵的织带。经过特别的剪裁，裙摆呈现出三个圆形的“花瓣”。

上图： 在名为“天使正经过”的时装系列中，法国高级女装设计师克里斯汀 · 拉克鲁瓦(1951—) 展示了一款灵感来自于 18 世纪的波洛涅兹裙，由紧身上衣与使用大量的塔夫绸制作成的蓬松罩裙相结合而成。

波洛涅兹裙

在 18 世纪中期法国大革命之前，有一个名为洛可可的过度装饰时期，该时期对服装的流行产生了重大影响。洛可可一词来源于法语“rocailles”（小石头 / 小沙砾）和“coquille”（贝壳），意为具有贝壳形曲线纹样的装饰主题，同时也指以法国凡尔赛奢华宫廷为舞台流行起来的、在服装表面进行装饰的奇特装束，例如褶皱飞边、缎带蝴蝶结、拖地斗篷和高耸的发饰。使用了帕尼埃裙撑的法国式罗布和在不是特别正式场合穿着的英国式罗布（见第 40 页）都属于宫廷服饰。从 1776 年开始，在前片开口的英国式罗布的基础上将裙子后侧分两处像幕布一样向上提起，臀部形成三个蓬起的部分，其中中间部分略长于两边，再将提起的部分使用缎带、纽扣或流苏固定，就形成了波洛涅兹式罗布。这种裙子在 1772 年被认为是为了将波兰与相邻的三个国家（奥地利、普鲁士和俄国）分离开而产生的，但其更像从罩衫卷入口袋开口演变而成，通常穿在礼服内里，为了方便走路而使用绳带在腰间进行固定（在口袋中卷起）。

在 19 世纪，波洛涅兹裙随着“多莉 · 伐特兰”（Dolly Varden）式连衣裙的流行而复兴，多莉 · 伐特兰是查尔斯 · 狄更斯（James Dickens）于 1839 年发表的流行小说《巴纳比 · 拉奇》（*Barnaby Rudge*）中的人物，故事背景设定在 18 世纪。这条有公主线的裙子受到了英国女绅士们的青睐，它没有腰部接缝，通常是由印有图案或是花朵的印花棉布制成，穿在一条造型简洁、颜色鲜艳的一步裙之外。一顶置于高发髻上的草帽突显了礼服的非正式性。

20 世纪 80 年代，时尚精英们纷纷穿着过度装饰的衣装，这与法国大革命前极尽奢华的风格极为相似。当时，让 · 巴杜品牌的设计师克里斯汀 · 拉克鲁瓦设计出轰动的泡泡裙（见第 191 页）后，在 1987 年创建了一个新的高级时装工作室。拉克鲁瓦专门吸收来自 18 及 19 世纪初的灵感，在超大的裙面上应用丝硬缎、蕾丝、提花锦缎和具有装饰性的面料进行创作，并与重工的手工制品相结合，制作出垂荡式的波洛涅兹裙。

“英国狂热”裙

18 世纪中期到后期，欧洲人民对于来自英国的一切事物都表现出极大的兴趣。最初这是一股有关政治与文化方面的现象，通过伏尔泰（Voltaire）的著作以及他有关英国文化方面的文学作品而得以传播，当法国贵族的特权被法国大革命扫除后，英国狂热主义就得到了充分的表达。英国狂热主义呈现了一种理想化视觉角度下的英式田园风格，英国风景画和肖像画家托马斯 · 庚斯博罗 (Thomas Gainsborough) 和瑞士出生的安吉拉 · 考夫曼 (Angela Kauffmann) 都在各自的作品中描绘了有乡村产业背景的英国贵族形象。法国宫廷主义服饰为英国田园风格服饰让位，后者强调简单和实用，这一点体现在英式罗布和直筒长裙上。

英式罗布舍弃了对帕尼尔裙撑和鱼骨的使用，倾向于一种更为简洁的结构，尽管其依旧呈现束胸的廓型，但这款裙子已经为行动提供了更大的便捷性。这款长裙的独特之处在于其背部极为合体，形成这一结构的是一系列向下车缝的褶裥，它们在 V 型的腰线处以小褶皱的形式将松量释放到丰满的下裙部分，并形成一个小的拖尾。这款一件式的长袍在前片处敞开，露出与之相配或者形成对比的衬裙，长袍还装有及肘长的窄袖，上面带有被称作“假袖子”（Engageantes）的独立褶边装饰。其丰满的臀部是借助衬裙下的填充物形成的。一件丝质三角形披肩披在肩部，用于遮盖长裙过低的领口。对乌托邦的憧憬和对乡村的追求和向往，在服装配件中显而易见——宽檐草帽，还有各式各样的人造花朵作为装饰。印花和织花图案也反映了这种田园幻想。

维维安 · 韦斯特伍德 1993/1994 年的秋冬系列名为“英国狂热”（Anglomania），启发来自 18 世纪 80 年代法国人对英式剪裁的热情。在这一系列当中，设计师对 18 世纪的贵族服装风格进行折衷混合，并以自己的方式进行演绎，从让 · 安东尼 · 华托 18 世纪 20 年代的画作中后背打褶的裙子到弗朗索瓦 · 布歇（François Boucher）的牧羊女紧身胸衣，他将启蒙运动时期的衣着方式呈现在当代观众面前。 后来，韦斯特伍德以“Anglomania”命名其创立的售价相对低廉的副线品牌，并出售她早期作品的一些复制品。

右图：维维安 · 韦斯特伍德从历史中汲取时装元素，重新诠释了英式裁剪和纺织品的传统以及历史文化遗产，如 1993/1994 年秋冬系列“英国狂热”中运用的苏格兰格子呢。

右页图：这张绘有英式长袍的插图出自 1778 年法国时装画册 *Galerie des Modes et Costumes Français*，图中后背合体、前片敞开的长裙，以及与外袍形成对比的打底衬裙，都属于那个时代流行的典型休闲化“英式风格”。

浪漫主义风格裙

浪漫主义在 18 世纪 80 年代至 19 世纪 50 年代盛行欧洲，它的灵感部分来自于对自然科学合理化的反应、工业革命（始于 17 世纪 60 年代）的“侵蚀”，以及法国“旧政权”的瓦解。执政内阁时代的皇家风格高腰连衣裙被时尚所抛弃，取而代之的是一种乡村生活的理想化风格，这种风格包含了碎花棉布以及田园装备，如草帽和遮阳伞，还有 1825 年自然腰线的回归。19 世纪 20 年代泡泡袖发展成为胀大的气球形状，人们利用这极其宽大的袖子来突出细腰。因为它们的形状与羊腿极为相似，后被法国人称为羊腿袖，其由一个小的鲸骨裙撑绑在肩上来支撑。层层叠叠的超宽及踝 A 字裙使用了裙撑进行定型，袖子的设计在视觉上平衡了裙摆的围度。

19 世纪 30 年代，印染技术得到了很大的发展，这使得带有小型花卉图案的简单印花棉织品逐渐流行起来。通常来说，这种风格不需要太多装饰，只需要一条丝绸带来突出腰部，一个蕾丝领（这样一来能够在视觉上进一步加宽肩膀的宽度）或者在裙摆缝上双层花边装饰。领口变化为 V 型领，但肩宽不变。晚礼服的袖子稍微短一些，当然，还是强调袖子的宽度，长袖则用于日常穿着。

20 世纪 30 年代美国经济大萧条的境况和发生战争的可能性，诱发了人们类似逃避现实的心理，导致了浪漫主义的复兴，其中包括琼·克劳福德（Joan Crawford）在克莱伦斯·布朗（Clarence Brown）1932 年的电影《情重身轻》（*Letty Lynton*）中饰演的角色所穿戴的服饰。这款精致的白色晚礼服，是由好莱坞服装设计师阿德里安（Adrian）设计的，真丝薄绸做的长袍被饰以夸张的袖子和蓬松的裙摆。二战后， 曼波谢尔（Mainbocher）所设计的晚礼服是低调奢华的典型代表，包括效仿 19 世纪 20 年代廓型、使用粉红色罗缎和黑色纹理绸缎制成的带有宽大羊腿袖的斜肩裙。

左页图：相比经典高腰连衣裙，宽腰带有助于降低腰线，改变身材比例，让裙子看起来更宽、更短，更突出羊腿型袖子。这条 1828 年的棉质花卉连衣裙代表了一种田园式的简朴。

上图：受 19 世纪 30 年代比德迈风格的影响（法国拿破仑帝国主义统治时期风格的简化体现），曼波谢尔（1890—1976 年）于 1949 年设计的礼服展现了现代版的羊腿袖。

透视裙

根据不同时期的社会习俗，几个世纪以来公众对近乎透明的裙子的态度历经了不少转变， 从曾经一致的愤怒到后来放松了它在道德约束上的警示意义。在古埃及，褶皱麻布做的卡拉西利斯（Kalasiris，一种鞘型裙）呈现出半透明的效果，以及古希腊人穿的希顿和罗马女性穿的斯多拉（Stola），都是使用上乘材质制作而成，因而可展现出穿着者的身段。古典主义在 18 世纪末到 19 世纪初成为时尚的基本准则，那时女性身穿不加装饰的白色筒型高腰宽松长裙，其材质是半透明的进口白棉布和平纹细布，使得这种希腊式的裸露变得广为接受。19 世纪 60 年代，当以蕾丝、钩编品和透明塑料，还有如欧根纱、薄纱等透明面料做成的裙子出现在伊夫 · 圣 · 洛朗（Yves Saint Laurent）和迪奥的时装秀场上以及先锋服装店的橱窗里时，裸露成为了现代性的表征，而不再是公然的性暗示。裸体和半裸也可以被视为一种政治性行动，很多嬉皮士以此作为个人自由的有力象征符号，透明长裙和粗棉布罩衫里不穿内衣成为了 1968 年“爱之夏”（Summer of Love）集会中的反战标志。

罗伯特 · 赫里克（Robert Herrick）在 1648 年写下他对室内便服（Déshabillé）的颂歌：“有一种可爱的不修边幅，赋予衣着潇洒的风度”。因此很多人都认为半遮半掩的身体比全裸更具诱惑力，透视和凌乱成为一种张扬的显著符号。高级女装中的蕾丝、雪纺、丝绸和丝缎既遮掩也展示了身体，比如约翰 · 加利亚诺的斜裁吊带裙。在他 2009/2010 年秋冬系列中除了有俄罗斯风格的民俗服饰、伞裙式外套和泡泡袖罩衫，他还推出了一系列由亮闪闪的透明薄纱做成的斜裁连衣裙，套在珠光宝气的短款内衣外。在时尚与声望相互伴生的关系下，当裸露越来越不再与性暗示挂钩而更多地与商业有关时，透明装便成为了追名逐利者的拥簇对象。21 世纪最著名的透明装之一是现在的剑桥公爵夫人凯特 · 米德尔顿（Kate Middleton）在 2002 年圣安德鲁大学的慈善时装秀上穿过的一件透视裙。

左上图：在路易斯利奥波德·布瓦伊（Louis-Léopold Boilly）的画作《神话般的女人》（*Incroyable et Merveilleuse*，1797 年）中，一个装扮花哨的法国贵族与一位穿着高腰、半透明棉布长裙的女人在交谈。这种风尚可追溯至古希腊和古罗马服饰（还有凉鞋），赞美了自然不拘束的身体之美。

左图：阿尔伯特 · 菲尔蒂（Alberta Ferretti）的女装代表作是 2011 年春夏系列的白色刺绣提花透明长裙。它的灵感一部分来源于雷尼直筒裙（Chemise a la reine），这是一种由玛丽 · 安托瓦内特（Marie Antoinette）于 1783 年引领潮流的透明礼服。

1968年，克里斯汀·迪奥的透明白色蕾丝衬衣长裙，模特为沃汝莎卡（Veruschka），拍摄于圣多明各（Santo Domingo）。裸露和半透明裙自然而然地与无拘无束的自由恋爱时代相关联。

巴斯尔连衣裙

19 世纪 70 年代和 19 世纪 80 年代之间，裙撑由克里诺林式（见第 85 页）逐渐演变成了巴斯尔式，这是设计师查尔斯·弗雷戴里克·沃斯为了改变女性过于臃肿的裙子，以使她们便于行走所推动的一种服装样式。他为个人设计中的衬布用量设定了严格的标准，这一举动后来影响了法国的纺织工业。沃斯在多种款式中将大部分余量转移到后臀部位，使之形成多样化的富有悬垂感的长裙。一开始，巴斯尔裙丰满的凸起在膝盖背部的位置，余出的布料形成一条长长的拖尾。紧身胸衣上的“V”字型结构一直延伸至悬垂的裙片，以此强调腰线。到了 19 世纪 80 年代中期，巴斯尔裙的裙撑向上移动成为后背的一小部分，最极端的时候形成了类似架子般的凸起。为了支撑裙子的重量，采用金属丝、藤条或鲸骨制成了轻便和灵活的撑架，再用帆布带将其固定或嵌入绗缝的口袋中。

通过与古尔德（A. Gourd et Cie）和塔西纳里乔特尔（Tassinari et Chatel）等纺织品制造商保持紧密合作，沃斯运用奢华的面料并在“软垫”的基础上增加重磅装饰细节，如流苏、穗带和花边等室内装饰物。巴斯尔裙的造型于 19 世纪 80 年代达到最夸张的程度后，腰后的凸起突然缩小成了一个小垫子，同时其廓型在 19 世纪 90 年代又变为了沙漏型。

这种违背生理性的极端臀垫造型，自 19 世纪末消失后就再也没有在服装历史上出现过了。然而，19 世纪 60 年代流行的具有柔软悬垂性的“泡芙”式巴斯尔裙垫，依旧常被时尚先锋和高级定制所使用，有时也用在婚纱礼服中。在这些服装中，巴斯尔裙垫与拖尾裙裾相结合，用来营造丰富的背部视觉效果。狂热复古主义设计师约翰·加里亚诺在其 2005/2006 年秋冬时装系列中加入了巴斯尔裙垫的解构设计，使得服装内部的结构、细节得以完全暴露出来。同时值得一提的是，日本知名设计师山本耀司在其 1986/1987 年秋冬时装秀上呈现了将巴斯尔裙的多层褶饰与他标志性的硬朗剪裁合二为一的时装作品。

左页图：以简约的建筑风格廓型而闻名的西班牙裔时装设计师克里斯托瓦尔·巴伦夏加（Cristobal Balenciaga，1895—1972 年）运用他所喜爱的挺括的塔夫绸，在 1953 年设计了一件沙漏型的晚礼服，其特点是后背有一个固定在双层巴斯尔裙垫上的平整蝴蝶结。

右图：这件晚礼服出自约翰·加利亚诺为迪奥 2005/2006 年秋冬设计的“创作”系列，展示了通常隐藏的高级定制流程细节——裁缝的人台与服装结构之间的关系。

上图：本图中的美式午后礼服（1885—1888 年）展示了最鼎盛时期的巴斯尔造型。在服装的背部，装着可拆卸的巴斯尔裙撑，形成类似于架子的繁重夸张造型。

右图：后印象派艺术家乔治·斯修拉（Georges Seurat，1859—1891 年）在画作《拉德格兰德岛的周日下午》中描绘的礼服，展示了 1884 年巴斯尔裙夸张的臀部造型和平坦的腹部轮廓所形成的强烈对比。

直筒衬裙

20 世纪 20 年代，第一次世界大战给女性的社会生活带来了巨大的改变。这个时代的女性开始拒绝所谓的“淑女”行为标准，年轻的新潮女郎们在无年长妇女陪伴的情况下出门，在公共场合吸烟，在脸上涂鸦，缩短她们的裙摆以便更好地跳查尔斯顿或者土耳其快步舞。这种轻快不羁的舞蹈，自约瑟芬 · 贝克（Josephine Baker）表演黑人滑稽喜剧（La Revue Nègre）后走红。在外形上，女性们将自己打扮得与她们同龄的男子的形象相差无异，她们穿着无袖直筒衬裙或者宽松的阔腿裤，将头发梳成后脑勺和左右两边剪短的偏分发型，或者效仿电影明星露易丝 · 布鲁克斯（Louise Brooks）剪成波波头。20 世纪 20 年代女性积极的生活方式推动了服装的改革，衣服变得越来越便于活动，服装在这十年间日渐简洁，出现了针织外套、高尔夫套装、女式无袖直筒衬裙，也涌现了一批如可可 · 香奈儿、让 · 巴杜和爱德华 · 莫林诺克斯（Edward Molyneux）的杰出设计师。

18 世纪时，直筒衬裙最早是作为青年女性的内衣所使用的，在玛丽 · 安托瓦内特王后的引领下，它逐渐变成了一种流行的外衣。它曾在 19 世纪一度引领时尚，于 20 世纪 20 年代再一次占据时尚潮流。在 20 世纪 20 年代，它演变成为了无袖连衣裙，裙身忽略腰围垂直到底摆，在臀围上有一条腰带或者其他装饰细节。领口为简单的圆领或 V 型领，通常女性在穿着时会在脖子上围一个三角丝巾作为装饰，尖端自然下垂。裙子的布料通常采用丝质针织料、乔其纱或者双绉，穿在一种将背心与灯笼短裤结合的连裤紧身内衣之外，同时将胸部用束胸绑平，塑造成经典的“假小子”（La garçonne）造型。袜子被除去了吊带并卷到了膝盖以下。

20 世纪 50 年代出现了直筒衬裙的新版本，克里斯托瓦尔 · 巴伦夏加和克里斯汀 · 迪奥同时推出了一款宽松的鞘形连衣裙，有时也被称作布袋裙，其起源于后背打褶礼服（Sack-back gown）（详见第 30 页）。这种与富有自由精神的摩登女郎相匹配的服装风格出现在 20 世纪 60 年代：不受服装结构的约束，年轻女性可以充分享受宽松直筒裙所带来的无拘无束。现在人们把这种裙子称为宽松直筒连衣裙（Shift dress），通过将其剪短至大腿中部且不穿内衣，来塑造一种轻佻女郎般的中性化形象。

左图： 这件由浅褐色真丝雪纺制成的宽松直筒连衣裙据推测是由出生于英国的巴黎时装设计师爱德华 · 莫林诺克斯所设计的，带有渐变的下摆——裙摆从 20 世纪 20 年代中期及大腿的长度到 20 年代末期增加至小腿中部。

右页图： 在法国艺术家玛丽－丹尼斯 · 维勒斯（Marie-Denise Villers，1774—1821 年）1801 年为夏洛特 · 杜 · 瓦尔 · 德奥格尼斯（Charlotte du Val d’Ognes）绘制的画像《年轻女子》中，她穿着一件未加装饰的轻质平纹棉布宽松衬裙，搭配了这个时期经典的交叉型紧身上衣。

这套使用了象征苏格兰格纹呢的服装出自亚历山大·麦昆2006/2007年秋冬推出的“卡洛登寡妇”系列，这是他继1995/1996年秋冬“占领高地”系列之后，再次以苏格兰历史事件为题材所设计的服装。设计师提取苏格兰男性传统百褶裙的元素并重新设计出一款紧身格纹胸衣。

（苏格兰）花格呢裙

这种具有独特方格图案的花格呢布，几个世纪之前就已成为苏格兰高地的代表标识，同时在苏格兰历史上也是氏族制度的视觉象征——同一氏族的人们穿着统一且代表其家族的花格呢纹，这是一种由当时的氏族首领们制定的属于高地的传统。

苏格兰花格呢纹指的是一种使面料经向和纬向（水平方向和垂直方向）的两种不同颜色的条纹相互交错进而形成三种颜色的组合图案，或者说是“集合”。起初，这种苏格兰花格呢纹面料不经裁剪，直接作为高地男士的披风或女士的披肩所使用。1746 年，在由詹姆斯党颁布的服装禁令中，苏格兰花格呢布被禁止穿着，但随着詹姆斯党的垮台，这条禁令于 1781 年被废除。沃尔特·司各特爵士的多部作品都展现了高地人民的英勇形象，比如 1814 年创作的《威弗莱》（*Waverly*）和 1817 年创作的《罗布·罗伊》（*Rob Roy*）中。受他的影响，人们得以在随后几十年见证苏格兰花格呢布的再次流行。1848 年，年轻的维多利亚皇后买下苏格兰高地的巴尔莫勒尔堡作为她的度假地点，这进一步巩固了苏格兰格呢的地位。

早期的花格呢是由天然染料制成的，在颜色上较为柔和，然而苯胺染料的出现使得染织多彩的格子图案成为可能，进而使色彩华丽鲜艳的花格图案在维多利亚时期流行起来。苏格兰格纹一直被用于传统田园风格服饰中，直到 20 世纪末期才正式出现在时尚界舞台，由时尚界的“朋克之母”、时装设计怪才维维安·韦斯特伍德用传统织造工艺以及本土织物材料进行演绎。在她的“英国狂热”系列中（见第 40 页），韦斯特伍德自创了一种格纹呢，并根据她第三任丈夫及设计合伙人的名字安德烈亚斯·科隆撒尔（Andreas Kronthaler）将面料命名为麦克安德烈亚斯（MacAndreas）。亚历山大·麦昆也设计了一款黑、红、黄三色的格纹呢，并将其用在了他 1995/1996 年秋冬的“占领高地”系列中。这个系列的灵感来源于 18 世纪的詹姆斯党起义和 19 世纪的高地清洗运动。

直到现在，花格呢还在为设计师们提供源源不断的灵感，其中包括亨利·霍兰德（Henry Holland）的品牌“House of Holland”，其凭借紫色及黄色相拼的格纹呢于 2008 年获得了由苏格兰时尚大奖授予的“苏格兰花格呢最佳使用奖”。

左上图： 1746 年弗洛拉·麦克唐纳德（Flora Macdonald）因帮助被称为“英俊王子查理”（Bonnie Prince Charlie）的查尔斯·爱德华·斯图亚特（Charles Edward Stuart）在卡洛登战役（Battle of Culloden）后逃离英国而被关押在伦敦塔中。1747 年获释后，她委托画师画下了这幅肖像，在画中她穿着斯图亚特格子服装。

左图： 鬼才设计师、时尚界的“坏男孩”弗兰科·莫斯基诺（Franco Moschino，1950—1994 年）去世后，设计师罗赛拉·嘉蒂妮（Rossella Jardini）接手了他的品牌。在 2003/2004 年秋冬系列中，她以苏格兰男爵风格为灵感，用品牌标志性的红黑色设计了苏格兰风格的连身褶裥短裙，并在胸前装饰了一枚金色的徽章。

蕾丝裙

很少有面料能够像蕾丝那样保持两极化的使用方式，即能够通过简单的颜色及镂空结构的变化，使之在质朴和纯洁，以及颓废和性感中任意切换。它还能体现天真无邪，在洗礼及婚礼等仪式中表现为虔诚和永恒。蕾丝不仅是当代时尚的一个重要组成元素，而且作为一种传统的面料，在奢侈品的殿堂中也长期占有特殊地位。对这种面料的起源众说纷纭，蕾丝作为一种网眼织物，通常由单针单线（针绣花边）的方式或者多线（梭结花边）的方式织成，并在 16 世纪中后期得到快速发展。作为社会地位及身份的象征，手工制作的蕾丝常被贵族和皇室运用在整套服装或者服装的装饰边上，从 16 世纪开始，几何图形的针绣蕾丝被广泛运用于法式精制针绣蕾丝中，用以装饰袍服以及 18 世纪流行的法式罗布的袖子。

到了 1870 年，几乎每一种手工制作的蕾丝都有它的机制替代品，尽管机械化生产使蕾丝变得更容易获得，但它仍然是一种珍贵的商品，装扮着爱德华七世时期的贵族美人，从她的高颈衣领的嵌入式花边到扫地式拖尾。随着 20 世纪 50 年代合成纤维的发明，蕾丝变得无处不在，但主要还是运用于女性闺房的装饰上。蕾丝中有一些特别的种类，例如大花型花边蕾丝（Guipure），这是一种厚重的蕾丝，其中的图案是由细线与重复的小图案组合而成的，形成了一种多层的肌理效果，最受如克里斯汀 · 迪奥和巴尔曼等设计师们的欢迎，通常用于晚礼服的制作。

在 21 世纪，蕾丝的运用再次经历了变化。大花型花边蕾丝最近被意大利品牌普拉达（Prada）用在 2008/2009 年秋冬系列当中；列韦斯花边（Leavers lace）被意大利品牌杜嘉 · 班纳（Dolce & Gabbana）染成艳粉色以及橘色，运用于其 2010 年的春夏系列中。英国设计师维维安 · 韦斯特伍德在其主线品牌（2012 年春夏系列）中使用了克纶尼蕾丝（Cluny lace)，塑造出浪漫雪糕裙。克纶尼是一家传统的蕾丝纺织公司，这家公司是英国唯一一家保留了列韦斯蕾丝织法的厂家，它于 18 世纪 60 年代英国工业革命早期就开始生产蕾丝。秉持着“英国制造”的理念，博柏利 · 珀松（Burberry Prorsum）的英国设计师克里斯托弗 · 贝利（Christopher Bailey）所使用的蕾丝产品也来自于这家位于英国中部的公司，那里曾经是全球蕾丝制造业的中心。

左图：克里斯托弗 · 贝利，使用克纶尼蕾丝为博柏利 · 珀松 2014 年春夏设计的服装，打破了蕾丝仅作为婚纱或者女性内衣面料的局面，使其进入 21 世纪高级成衣圈。

右页图：1985 年，卡洛特三姐妹（Callot sisters）开办了一间时装沙龙（起初是做内衣和蕾丝的生意），由玛丽 · 卡洛特 · 戈博夫人（Madame Marie Callot Gerber）担任主设计师。从这件 1915 年的女性睡袍上可以看出三姐妹在蕾丝运用方面的专业水准。

左页图：受肖像画画家乔瓦尼·波迪尼（Giovanni Boldini，1842—1931年）的影响，克里斯汀·拉克鲁瓦在其1996年的设计中用镶有珠宝的紧身胸衣，裸露的肩膀和厚重的缎面裙重现了那个时期的服装风格。

下图：在1992/1993年秋冬系列"总在镜头前"中，维维安·韦斯特伍德的灵感来自于18世纪的紧身胸衣，搭配用大量面料营造的蓬松裙摆。这款紧身胸衣呈深色调，将人们的注意力从稍浅色的裙子集中到了上半身。

紧身胸衣裙

自文艺复兴时起，紧身胸衣一直作为西方女性时尚服饰的基本元素，无形地存在于女性衣橱中，但是它只能通过身体的支撑而显现出来，曾经被医学界和各种服装改革运动视为影响身体健康的原因之一，并被女权主义者视为压迫女性的工具。而在当代的时尚中，紧身胸衣经重新设计成为一种新潮的外衣。

当紧身胸衣不再隐藏于服装中并将身材塑造成沙漏型时，它已成为一种可外穿的服装，同时也成为被社会所接受的一种性感的表现形式。维维安·韦斯特伍德在她1990/1991年秋冬"肖像"系列中就借用了紧身胸衣那令人浮想联翩的特质。胸衣的形状和上面的印花都直接取材于18世纪。在胸衣内部采用柔韧的鱼骨进行塑型，肩膀处有宽肩带，前胸是V型的裁片，上面印着1743年由弗朗索瓦·布歇（François Boucher）所绘制的达佛涅斯和克洛伊（Daphnis and Chloe），并在服装的后中部使用一条拉链来代替系带。

对于法国设计师让·保罗·高提耶来说，紧身胸衣让他想起了他祖母的鲑鱼肉色系带束腰紧身胸衣，那是第一件激发他灵感的物品，同时也是他许多内衣式服装设计的灵感来源，其中最著名的当属他在 1990 年为麦当娜（Madonna）和她的“金发雄心”世界巡演所设计的一件飘逸的裸色缎质紧身胸衣。1984 年，在这位设计师的“Barbes”系列当中，他将胸罩和紧身胸衣结合在一起，设计出闻名于世的橙色天鹅绒锥胸连衣裙。具有戏剧性的夸张圆锥形胸罩，缝制在紧身胸衣的衣身上，强势地指向前方。

20 世纪 90 年代，紧身胸衣被设计师们广泛地使用，并出现在大多数主流设计师的服装系列中，其中包括约翰·加利亚诺、范思哲（Versace），以及意大利设计师组合杜嘉·班纳，由他们设计的黑色缎面紧身胸衣连衣裙充斥着颓废的性感。设计师克里斯汀·拉克鲁瓦是 19 世纪浪漫主义风格的狂热爱好者，他设计了一件反映 19 世纪 80 年代理想化浪漫主义风格的紧身胸衣，并使之与一条显露出绑带的巴斯尔裙相结合。将紧身胸衣引入主流时尚的是设计师蒂埃里·穆勒（Thierry Mugler），是他使用树脂、金属，以及具有雕塑性和浮雕质感的黑色皮革等材料设计出了如盔甲一般的紧身胸衣。不走寻常路的设计师亚历山大·麦昆在其 2009 年春夏“自然差别，非自然选择”系列中，设计了一款在后背进行绑带的鞣制鳄鱼皮胸衣。

左图：亚历山大·麦昆的1999/2000年春夏系列“The Overlook”中，这件独特的令人压抑的缠绕型铝制紧身胸衣出自于珠宝设计师肖恩·利尼(Shaun Leane)。这件服装融合了多种艺术：达利的超现实主义作品“有抽屉的米洛维纳斯”、乔治·德·奇里科(Giorgio de Chirico)和缅甸的凯亚·拉维(Kayan Lahwi)的抽象人体，以及南非的恩德贝勒颈环传统。

右图：让·保罗·高提耶在他1984年的“Barbes”系列中对传统紧身胸衣做了一个具有讽刺意味的设计。这件紧身衣将高耸的胸罩缝制在褶饰塑型衣上，与20世纪50年代流行的锥形文胸产生共鸣。这件橙色天鹅绒鱼尾裙也曾使用男性模特进行展示。

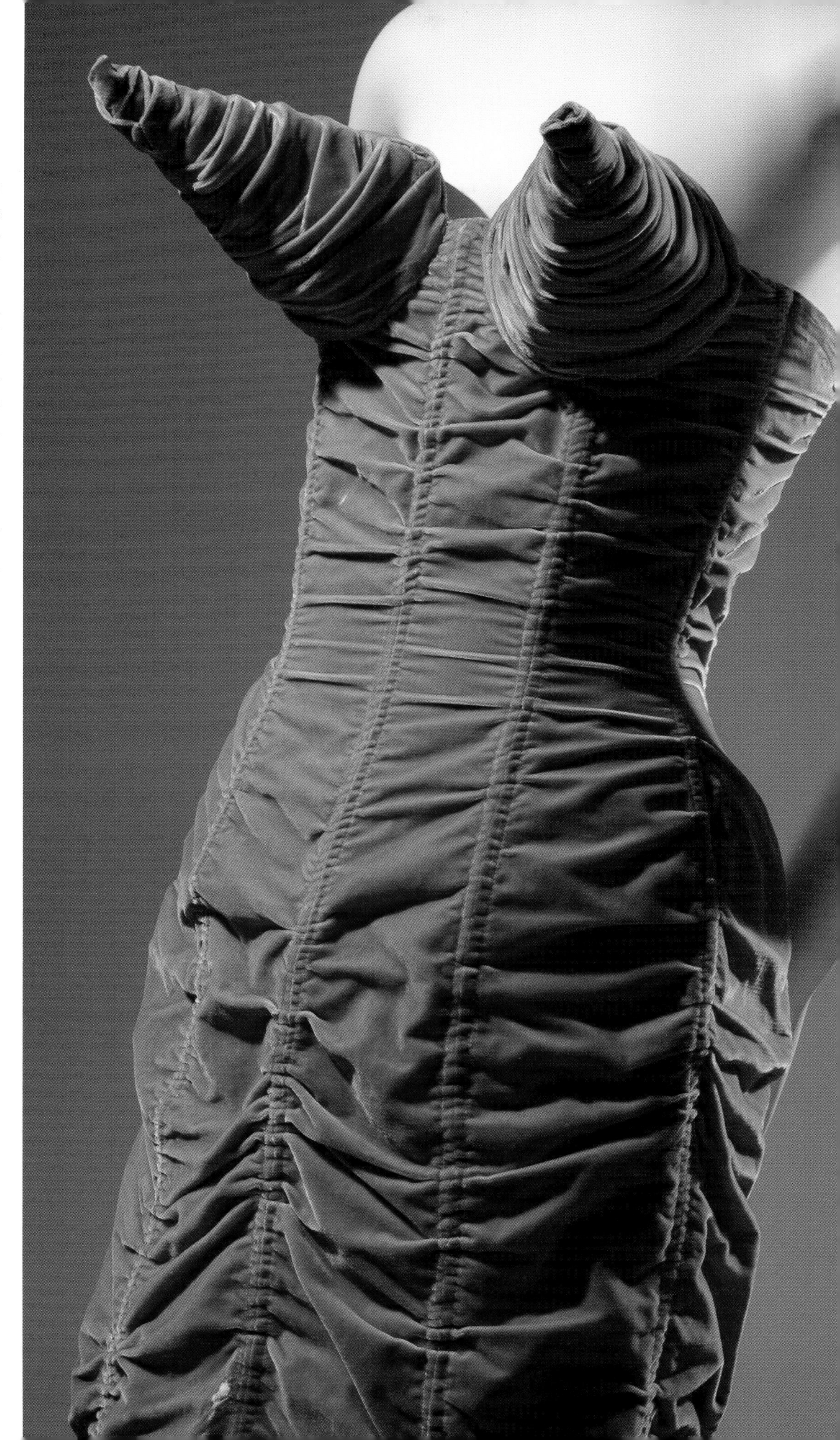

上图： 让·保罗·高提耶在2003年春夏系列中设计了带有巨型克利诺林裙衬的芭蕾舞裙，上面使用视错法的装饰手法，生动地表现芭蕾舞蹈家的形象（直接取自法国艺术家德加·德加斯(Edgar Degas)的作品），在裙子的表层还采用荷叶边薄纱进行装饰。

右页左图： 由凯特（Kate，1979—）和劳拉（Laura，1980—）穆里维姐妹于2003年为美国时装品牌罗达特（Rodarte）设计，这款现代版的钟型古典芭蕾舞裙对非常规的材料进行解构，呈现裸色色调，将材料进行粗糙化处理。

右页右图： 时尚的领先者维维安·韦斯特伍德使用白色缎纹面料及粉色薄纱设计了一款云层状的裙子，这个系列被称作"+ 5° "——地球的平均气温将随着二氧化碳浓度的升高而上升。

芭蕾舞裙

真丝网纱芭蕾舞裙，在很长一段时期都是童话公主的象征，承载了许多年轻女孩成为芭蕾舞演员的梦想。芭蕾舞裙通常是粉红色的，以时尚偶像莎拉·杰西卡·帕克（Sarah Jessica Parker）为代表，她在情景喜剧《欲望都市》第一季中穿着一条粉色芭蕾短裙在纽约街头旋转。这种芭蕾舞裙最初出现在1730年的舞台上，是由多层轻盈的薄纱在腰部缝合而成的，搭配贴身的内衣和紧身胸衣穿着。当基础舞步（从一个姿势移动到下一个姿势）被舞者们跃向空中的专业舞步所取代后，女性就被要求抛弃用以强调她们精神层面的繁重服饰。

最早的芭蕾舞裙长及脚踝，由数层柔软的薄纱制作而成，如1832年玛丽·塔廖妮（Marie Taglioni）在著名芭蕾舞剧《仙女》（*La Sylphide*）中穿着的服装。随着时间的推移，裙子变得越来越短，最终变成类似薄煎饼或平板形状的薄纱裙，这种设计使得女舞者们能够更好地展现核心舞蹈动作中的脚尖动作及连续性的旋转。但水平展开的硬质薄纱蓬蓬裙并不像古典或浪漫主义时期的薄纱裙那样容易被流行时尚所接纳。然而在1990年设计师维维安·韦斯特伍德为其副线品牌设计出了一款薄纱短裙，搭配一件红色针织上衣，由马里奥·特斯蒂诺（Mario Testino）拍摄，凯特·莫斯（Kate Moss）进行演绎。薄纱裙饱含女性化气质的特征也常常被像让·保罗·高提耶那样的设计师们运用到设计作品中，在2007年春夏服装系列中，他将黑色钉珠皮革紧身衣、外套，以及匡威运动鞋与一条飘逸的薄纱裙相搭配，更突出了服装的精致。

19世纪的法国艺术家埃德加·德加斯(Edgar Degas)通过使用厚重的颜料和丰富的肌理效果，描绘了在演出后台或是排练时的舞者形象。2008年，他画中穿着吊钟型古典芭蕾短裙的模特们为穆里维姐妹（Mulleavy）以及她们的品牌罗达特（Rodarte）带去了灵感。打褶的丝绸雪纺蓬蓬裙折射出各种各样的淡棕色、杏色和奶油色调，并以闪闪发光的小彩虹珠作为装饰。多层纤维织物聚集在腰带上，以形成及膝的钟型裙摆。一层层带有纤维感的毛边面料被集中聚拢在裙腰上，最终成为及膝长的钟型裙。

Designed by
Helen Rose

婚礼裙

婚纱的风格一直在随着时尚的变化而演变，但是维多利亚式衬裙仍然是人们的最爱。全白婚纱是1840年从维多利亚女王和萨克森－科堡－哥达的艾伯特王子（Prince Albert of Saxe-Coburg-Gotha）的婚礼上推广开来的。那装饰着霍尼顿凸纹蕾丝花边的象牙色丝质多褶礼服裙，以及头纱和拖尾，成为了婚纱设计的典范。不过，新娘并不总是穿白色的礼服，在更早之前，她们通常会穿着自己最好的服装，而不太考虑服装的颜色。

1920年代初，爱德华时代的S形廓型逐渐开始被中世纪的浪漫主义风格所取代，最初这种风格的服装是由当时的宫廷裁缝露塞尔（Lucile）和她的竞争对手艾达·沃尔夫（Ada Wolf）所创造的。渐渐地，这种低腰的裙子开始演变为管状，并且从底边到中间部位使用大量的水晶珠饰和贴花刺绣装饰。随着1930年代电影的普及，好莱坞新娘们彻底影响了婚纱的流行风格。从1930年代的银幕女神艾德里安（Adrian）所穿着的斜裁缎纹礼服到伊丽莎白·泰勒（Elizabeth Taylor）的婚礼礼服，再到康拉德“尼基”希尔顿（Conrad “Nicki” Hilton），以及1955年格蕾丝·凯莉（Grace Kelly）与摩纳哥兰尼埃三世亲王（Prince Rainier of Monaco）的皇家婚礼，所有的礼服都是由获过奥斯卡奖的好莱坞时装设计师海伦·罗斯（Helen Rose）精心设计的。“甜心线”就是这位设计师发明的，这种礼服的上衣是呈心形的，搭配紧身的腰线和波浪般的下摆。

20世纪50年代带裙撑的新娘礼服在往后的十年间渐渐被迷你裙和青年时装所取代，那时的新娘穿着款式简洁的鞘型紧身裙。直到20世纪80年代，正式的婚礼服才再次出现，而这个时期婚礼也开启了炫耀式的消费方式。戴安娜王妃（Lady Diana Spencer）与威尔士亲王查尔斯（Charles, Prince of Wales）于1981年举行的婚礼象征着维多利亚式衬裙的回归。王妃穿着的由大卫和伊丽莎白·伊曼纽尔（David and Elizabeth Emanuel）所设计的云状塔夫绸和紧腰身的婚纱影响了未来十年的婚纱风格。20世纪90年代又出现了一次与“精致点心”风格所对立的时尚风格回潮，以王薇薇（Vera Wang）和纳西索·罗德里格斯（Narciso Rodriguez）为代表的美国设计师品牌倡导低调朴素，多采用古典风格的柱状廓型以及大量的花式缎。随着婚礼仪式的举行变得更为自由化，性感的婚纱也越来越为人们所接受。在过去，保守的婚纱代表着童贞、纯洁，而现在时尚的婚纱却更多采用露肩设计，并包裹着新娘的身体以呈现新娘们凹凸有致的曲线。

左页图：1955年，格蕾丝·凯莉在嫁给摩纳哥兰尼埃三世亲王的婚礼上所穿的代表端庄和庄严朴素的礼服是由好莱坞时装设计师海伦·罗斯设计的。这件礼服采用流行的沙漏造型，包括合体的紧身上衣，以及钟型的塔夫绸半裙。

上图：1763年，莎拉·廷·史密斯(Sarah Tyng Smith)穿过的这件法国罗布，这种裙子的廓型从1720年一直流行到1780年。花朵是上衣和罩裙的主要图案，罩裙内穿着丝质平纹衬裙。

上图：卡尔·拉格菲尔德摈弃了带有裙撑或鞘型廓型的传统婚纱，为香奈儿2014年高级定制设计了这款以20世纪60年代太空时代未来风格为灵感的金属质感半透明宽松直筒裙，搭配运动鞋，由模特卡拉·迪瓦伊（Cara Delevingne）进行展示。

右图：由模特克里斯蒂·特林顿（Christy Turlington）所展示的这件婚纱出自法国设计师克劳德·蒙塔纳（Claude Montana，1949—）1992 年的婚纱系列，他既没有采用当时流行的宽垫肩造型，也没有使用夸张的廓型，而是运用了其拿手的裁剪方式进行剪裁。

水手裙

水手风格经久不衰的魅力主要在于海军蓝和白色的组合，这样的色彩组合也很容易让人联想到浪漫和自由的海上生活。诞生于19世纪中期的英格兰海军官方制服，起源于维多利亚女王在1846年登上皇家游艇时，为她四岁的儿子威尔士王子艾伯特·爱德华（Albert Edward）定制的一套水手套装。小王子当时穿着水手服的画面被艺术家弗朗兹·克萨韦尔·温特哈尔特（Franz Xaver Winterhalter）记录了下来，使得水手风潮升温，同时得益于铁路的发展，水手服成为了经典的儿童着装风格。早期受航海风格影响所设计的成人服装，其主要目的是方便人们从事航海活动，这种服装的主要特征是具有编织的衣领、袖口以及黄铜纽扣。

直到爱德华时期后期，航海风格才被纳入时髦装束的行列，尤其是水手衫（来源于皇家海军部队中“海军少尉候补军官”的服装）是一件带有方形披肩领和编制穗带的宽松上衣。20世纪20年代，海军领搭配宽松低腰连衣裙成为当时的流行搭配，归属于假小子风格的一种样式，通常被时髦的女性们穿着进行网球类的体育活动。在同一时期，可可·香奈儿将原本被布列塔尼渔民穿着的条纹上衣演绎成了时尚界永恒的经典，搭配阔腿喇叭裤，更便于人们在甲板上进行活动。

在好莱坞的黄金年代，诸如珍·哈露（Jean Harlow）和贝蒂·戴维斯（Bette Davis）这样的银幕女神穿着特制的水手服，同时还有金格尔·罗杰斯（Ginger Rogers）搭档弗雷德·阿斯泰尔（Fred Astaire）在1936年出演的票房大卖的电影《海上恋舞》（*Follow the Fleet*）中穿着真丝绸缎水手服，这些都巩固了水手风服饰的流行。水手风格连衣裙在20世纪60年代开始在青少年中流行起来，主要特征为低腰以及臀部有褶裥，与20世纪20年代流行的款式相似。就目前流行的春夏系列来看，现代海军风是美国服装设计师拉夫·劳伦（Ralph Lauren）最爱的风格之一。这位设计师通过使用海军蓝和白色条纹设计T恤衫，用穗带以及镀金纽扣装饰英式海军传统双排扣外套，并搭配海军领宽松亚麻连衣裙，重新呈现了海军风格的独特魅力。

左页图： 剑桥公爵夫人2012年访问加拿大时所穿的传统英国航海风格针织连衣裙，是设计师莎拉·伯顿（Sarah Burton）为服装品牌亚历山大·麦昆设计的。该裙将水手领与条纹相结合，庄重且不失典雅。

右图： 这件布兰顿针织条纹T恤是法国设计师让·保罗·高提耶的标志性设计作品，同时也是这位设计师私人衣柜中最爱的服装之一，在2000年高级定制系列中，他将条纹元素再次运用在了“美人鱼的尾巴”上。

军装风格裙

利落的剪裁，精致的编织、嵌边、肩章和盾徽，以及源于军装的褶裥口袋不断被融入到日常服装中，甚至影响了高级定制时装，特别是在战争时期。最初匈牙利轻骑兵在 17 世纪所穿的皮上衣，在 19 世纪法国与英国的拿破仑战争期间被欧洲大多数军队所使用。这是一件短且非常紧身的夹克，上面装饰着用金银丝花边缝制的图案，有数行平行排列的盘扣，以及三到五行的纽扣。这种紧身夹克及腰长且带有不规则下摆，盘扣和穗带装饰后来被运用到了女性时装中，搭配毛皮装饰在 1806 年拿破仑普鲁士战败后，变得格外流行。军装用盘扣和绶带这些装饰元素也出现在了唐娜·范思哲（Donna Versace）2014/2015 年的秋冬系列中，展现了一系列使用了包括蓝色、红色和金色在内的经典军装颜色的斜裁连衣裙。

受军装风格影响的时装不仅融入了军装的装饰细节，还汲取了它的功能性。2010 年秋冬，博柏利·珀松就发布了一系列受飞行员服启发的羊毛大衣、军装大衣、皮革腰带和带有搭扣细节的一系列卡其色拉链斗篷连衣裙。卡其，这个单词来源于波斯词汇“Khak”，意为灰尘、土或者泥，这种由绿色和棕色的微妙混合所构成的颜色自 19 世纪时起就被英国军队正式用于制服中。

迷彩，这是一种军事防御中用以伪装人员和设备的图案，来源于法语单词“Camoufler”，意思是“掩饰或隐匿”（该词在 1917 年 5 月 25 日的伦敦日报中首次被使用），其灵感来源于动物带有迷惑性图案的皮肤，使捕食者不那么容易找到它们。许多动物的颜色深浅不同，背部为较暗的颜色，而腹部颜色较浅；这种变化影响了生物的外表，可以掩饰它的具体位置。迷彩图案被认为是由波普艺术家安迪·沃霍尔（Andy Warhol）引入到高级时装面料中的，他的这些色彩丰富的印花面料为设计师们开辟了另一条道路，如纽约的斯蒂芬·斯普劳斯（Stephen Sprouse），他得到使用沃霍尔的迷彩丝网印花作品的许可，将其应用于他 1987/1988 年秋冬和 1988 年春季时装系列中。2000 年，让·保罗·高提耶使用迷彩印花丝织物制作了一系列高定舞会礼服。

左页左图：由维多利亚·贝克汉姆（Victoria Beckham，1974—）于 2012 年秋冬设计的这件线条简洁的长款军装风格连衣裙，是由黑色和橄榄褐色的高密罗纹针织面料制成的，搭配军装风格的肩章、铜扣装饰的口袋盖，以及双层皮革腰带。

左页右图：这件服装融合了 20 世纪 60 年代中期“摇摆伦敦”的青年人穿着复古军服时的情怀，多娜泰拉·范思哲（Donatella Versace，1955—）将烟灰蓝与猩红色饰边融合在了一件裁制精良的模仿玩具城士兵服饰的连衣裙中。

右图：这幅 1818 年的时尚插画中的外套借鉴了轻骑兵军装的紧身线条，配以平行排列的纺锤形纽扣和扣环。这件服装还采用了男士骑马装中的多层披肩袖。

上图：约翰·加利亚诺在克里丝汀·迪奥 2005/2006 年秋冬系列中融入了 20 世纪末的颓废奢侈风和“紫红色十年”的特征，将雕塑式的淡紫色塔夫绸贯穿在浅金色薄纱中。

右页图：1856 年前，紫色和紫罗兰色缎带被认为是哀悼时才会出现的，但仅仅在化学染料发明后的三年里，淡紫色迅速成为时尚。参见 1859 年弗朗兹·克萨韦尔·温特哈尔特 (Franz Xaver Winterhalter) 为亚历山德拉·尼古拉耶维奇·兰姆斯多夫伯爵夫人 (Countess Alexander Nikolaevitch Lamsdorff) 所作的肖像画。

淡紫色裙

1858 年，维多利亚女王穿着一席淡紫色天鹅绒长裙出现在她的长女维多利亚长公主维奇（Vicky）的婚礼上，这标志着纺织染料发展史上的一次重大变革。她身上的颜色带动了一股“女王淡紫色”的潮流，随着它越来越知名，引发了大众对各种紫色的追逐。到了 1859 年，淡紫色（Mauve）俨然成为了欧洲和北美时装界最时尚的颜色之一。时尚的领军人物尤金妮皇后（Empress Eugenie，拿破仑三世的妻子）也穿这种新出现的淡紫色，因为她觉得这个颜色与她的瞳孔颜色很配。这个颜色的风靡之甚，以至于讽刺性杂志《笨拙》（*Punch*）将这种现象称为“紫色麻疹”。

软体动物的腺黏液曾经被用来制作一种叫泰尔紫（Tyrian purple）的颜色，因其工艺复杂，只能用于皇室礼服。随着技术的发展，可以从煤炭中人工提炼苯胺染料，再加上 1856 年化学家威廉·珀金（William Perkin）的一个偶然发现，使得紫色成为了大众消费品。“Mauve”取自法语单词中明艳的锦葵花，剧作家和审美家奥斯卡·王尔德（Oscar Wilde）把这种颜色形容为“像紫色的粉色”。继淡紫之后，品红（Magenta）被法国人弗朗索瓦－伊曼纽尔·维基恩（Francois-Emmanuel Verguin）开发出来。还有其他合成染料包括 1872 年出现的蓝紫色（Lyons blue）和甲基绿（Methyl green），以及 1878 年出现的一种类似胭脂虫红（Cochineal）的深红色。合成染料明艳的颜色被当代文化评论家指责为粗俗，他们认为是色彩使用的大众化导致了公众审美水平的倒退。以社会繁荣为标志，1890 年代被称为“紫红色十年”（Mauve Decade）或“镀金时代”（Gilded Age），苯胺紫成为激进和艺术化倾向的服装的最佳指代物。这些颜色慢慢地与某些社会现象联系起来，尤其是颓废艺术和同性恋——20 世纪 50 年代的代表色是薰衣草紫。

颜色的不同深浅程度，从浅紫色到深紫色，间断地出现在当代时尚中，尽管在 20 世纪，深紫色和蓝紫色的染发、两件套服装，被认为是中年妇女的典型装束。为了显得清新与年轻化，紫罗兰色通常与绿松石色、柠檬黄、浅蓝色以及柔和的粉彩色调搭配，可参考约翰·加利亚诺在 2011 年为品牌克里丝汀·迪奥设计的高级女装系列。

腰饰裙

每当想要强调腰部线条的时候，这种褶裥形的腰部装饰（Peplum）就会出现。它起源于希腊单词“Peplos”（披肩），指将一片向外展开的喇叭形裁片连接在夹克、紧身上衣或裙子的腰带上，通过增大臀部的体量来突出细腰的视觉效果。在20世纪30年代，作为装饰的裁片也有多样化的款式，它们包括水平裁剪或不对称裁剪的裁片，或使用有特色的方巾以迎合装饰艺术潮流和当时流行的女性化的流线型轮廓。到了1947年，沙漏廓型再次回归，又受二战时期男性窄臀形象的影响，带有腰饰的服装变得更加流行。克里斯汀·迪奥新造型的特色就是将束腰夹克（Le Bar jacket）的下摆塑造成硬挺的裙摆样式，这个造型后来被许多设计师运用在他们的设计中，其中包括英国高级时装设计师爱德华·莫利纽克斯，他将其演变为一款新式的时尚鸡尾酒礼服。20世纪80年代，腰部装饰裁片的宽度与夸张的肩部宽度相互平衡，如最初由巴黎设计师克洛德·蒙塔那（Claude Montana）所设计的硬派服装风格。同时另一位巴黎设计师蒂埃里·穆勒（Thierry Mugler）受亚马逊强大的女性形象启发而设计了硬朗干练的服装廓型，他将紧身胸衣从腰线开始向外延伸，使其呈现出波浪形下摆。

这两位设计师都使用了较为挺括的面料进行创作，例如硬丝缎和皮革，设计出结构性极强的倒三角形廓型，夸张的肩部被超大号的衣领再度强调，衣身逐渐变细过渡至紧身铅笔裙，仅在腰部加以装饰。这一大胆的剪裁通过美国热播剧《豪门恩怨》（*Dallas and Dynasty*）迅速传播开来，在这部剧中由美国设计师诺兰·米勒(Nolan Miller)为英国女演员琼·考琳丝(Joan Collins)所饰演的亚历克西斯·科尔比（Alexis Colby）所设计的服装受到一致好评。

由于20世纪90年代极简主义风格的流行，带腰饰的服装渐渐被流行所抛弃，直到21世纪才重新回到时尚的舞台。腰饰裙以不同的风格造型，如喇叭型、荷叶边型、缩褶型、褶裥型或者鱼尾型，重新被设计师们搬回到秀场中，其中就包括了英国设计师大卫·科马（David Koma）。他在2012年春夏系列中发布了一系列的腰饰连衣裙，有的是受古典风格影响由白色皮革制成，有些则像角斗士裙一样带有流苏，与珠宝设计师莎拉·安戈尔德（Sarah Angold）的合作则包括了用立体彩虹色有机玻璃片所装饰的腰饰连衣裙。

左页图：照片中这件服装展现了20世纪80年代初夸张的廓型，由法国设计师克洛德·蒙塔那（Claude Montana，1949—）所设计的这件夸张的腰饰服装与其超大的肩宽相匹配，突出了纤细的腰围，同时一条加宽的金属感皮腰带更增强了蜂腰的视觉效果。

右上图：1912年首次发行的著名的时尚杂志 *La Gazette du Bon Ton* 介绍了这条由英国设计师约翰·雷德芬（John Redfern）设计的采用彩色丝网版画（一种手工模板印刷法）印制的连衣裙，其与保罗·波烈所设计的“灯罩”连衣裙廓型相似(详见第94页)。

右图：透明塑料碎片打破了格鲁吉亚设计师（现在伦敦发展）大卫·科马（David Kom/David Komakhidze）打造“第二层皮肤”的设计惯例。这些缀满彩虹色有机玻璃装饰绣片的裙子是与珠宝设计师莎拉·安戈尔德（Sarah Angold）合作的作品。

帝政式连衣裙

长久以来帝政风格连衣裙代表着不拘礼节的简约，因其修长的线条、高腰，以及柱状廓型深受设计师们的喜爱，并在 18 世纪 80 年代到 19 世纪 20 年代一直作为时尚的主导风格，到 20 世纪 60 年代依旧没有衰落。这种高腰宽松连衣裙所带来的自由感，使得过去用鲸鱼骨以及各种裙撑所制成的“盔甲”连衣裙连同奢华的面料都被抛弃了，它的产生是受到古代平民服饰的启发。最初，帝政式高腰裙是在约瑟芬皇后和拿破仑的宫廷中流行起来的。1804 年法兰西第一帝国成立，拿破仑·波拿巴加冕为皇帝，这种风格的礼服在当时的宫廷中被称为希腊式礼服（ à la greque ）。在英国，这种风格被称为“摄政式”，与 1811 年至 1820 年威尔士亲王摄政时期的称呼相一致。在女装中，人们的注意力逐渐从腰部上升至胸部，上衣部分被缩短，并使用一条宽腰带进行装饰，抬高的腰线在最极端时甚至被提高至腋下。裙子的余量不在前片进行收褶，而是汇聚在后片收成碎褶，在背部形成丰满的造型。腰部附有一个小垫子，同时在裙子后片的内里还装有带子，用来调整裙子的垂直线条。诸如从印度进口的白色薄纱面料，被裁剪成数层以保证廓型的丰满度。带有这种装饰的领巾交叉系在胸前，将

右图： 这幅版画描绘的是 1804 年 12 月 2 日在加冕典礼上的约瑟芬皇后（Empress Jos é phine）。当时皇后与其女官们穿着由宫廷画家让·巴普蒂斯特·伊沙比（Jean-Baptiste Isabey）设计、玛丽·安托瓦内特王后的发型师勒鲁瓦（Leroy）所制作的礼服，这也是帝政式连衣裙首次出现在加冕典礼中。

人们的视线吸引至上半身。由于这一时期的英国与法国正在交战，英式帝政风格被浪漫主义以及流浪汉文学所影响，例如蓬起且被缩短的伊丽莎白式袖子。

20 世纪 60 年代，没有支撑的面料从高腰直接垂下来的设计再次出现在奢华的晚礼服、婚纱和日常服装中。作为帝政风格的主要传承者，英国设计师约翰·贝茨（John Bates）在一系列连衣裙中使用了提高腰线的设计，其特征是内衣式紧身上衣搭配飘逸的雪纺裙，这款服装也是这位设计师的标志性作品。这些裙子通常点缀着细小的人造花朵，高腰上装饰着一枚松散的雪纺蝴蝶结。略微抬高的腰线突出了修长的腿部线条，剑桥公爵夫人凯瑟琳（Catherine）的许多定制服装和晚礼服都采用了该设计。

75 页图：这幅绘于法国塞纳马恩省枫丹白露宫的约瑟芬皇后画像，是 1808 年由巴伦·弗朗西斯·帕斯卡尔·西蒙·热拉尔（Baron François Pascal Simon Gérard，1770—1837 年）完成的。画中约瑟芬皇后所穿的礼服中蓬起的短袖是经典式样中的共同特征。

左页图：亚历山大·麦昆 2008/2009 年秋冬系列“住在树上的女孩”。其灵感来源于一位住在树上的年轻女孩遇见并嫁给一位王子的童话故事，该系列收录了一件帝政式连衣裙。这件纯真无邪的长裙穿在一件猩红色公主缎制成的宫廷式斗篷下，搭配灯笼形手提袋以及宝塔状的帽子。

右图：自研究生时期的系列作品“难以置信的美”（Les Incroyables）之后，长期受到 18 世纪时装潮流启发的约翰·加利亚诺再次将拿破仑时期和摄政时期的风格元素运用到了他 1996 年的时装系列中，作为当时高级时装品牌纪梵希的创意总监，他设计出了这款透明的礼服裙，内穿蕾丝性感内裤。

第二帝政式连衣裙

在英国，克里诺林裙撑常与封闭生活环境中的居家女性相联系，诗人考文垂·巴特摩尔（Coventry Patmore）在诗歌“房中天使”（Angel in the House）中描述的主角即是典型的维多利亚时期女性的代表。相比之下，法国的克里诺林衬裙有着扩张主义倾向，它达到巅峰的时期与第二帝国的奢侈直接相关。第二帝国是从 1852 年到 1870 年的拿破仑三世执政时期，这一时期崇尚奢华、生活糜烂，也被人们称为“黄金时代”。

设计师查尔斯·弗雷戴里克·沃斯设计的奢华礼服代表了那个时代的富裕。他首先通过奥地利驻巴黎大使的妻子曼特尼西公主（Princess Metternich）的引荐，获得了法国宫廷的关注。1860 年，沃斯开始负责拿破仑三世的妻子尤金妮皇后 (Eugé nie) 的穿戴，并为她在宫廷及许多正式而频繁的社交聚会设计晚礼服。在这互惠互利的安排下，沃斯设计的华丽长袍以高级面料和华丽装饰物为特色，促进了当时的法国纺织业，尤其是里昂丝绸作坊的发展。同时沃斯在服装界名气通过皇家首席肖像画家弗朗兹·克萨韦尔·温特哈尔特（Franz Xaver Winterhalter）和法国宫廷传播到全世界。由艺术家弗朗兹·克萨韦尔·温特哈尔特为约瑟夫一世的妻子奥地利公主伊丽莎白（1837—1898 年）所作的肖像，描述了那个时代典型的低胸和装饰繁复花边的服装特征，还有关于情妇们的描绘，如拿破仑的情人康拉·玻尔（Cora Pearl），展示了第二帝国的腐朽。

极端的廓型、华丽的面料和奢华的装饰是那些以英国设计师约翰·加利亚诺为代表的现代设计师的特征，这些设计师们将精湛的手工艺术设计与戏剧性的历史复兴主义相结合。约翰·加利亚诺在 1994 年春夏作品中虚构了一个在第二帝政时期从俄罗斯逃亡到巴黎的公主琉克勒茜（Lucretia）的故事。设计师通过低胸的设计和解构超大型克里诺林衬裙，以高超的裁剪技术，塑造出故事中过着风流生活的女主人公。

左页图： 作为第二帝政时期上层阶级的成员，公主约瑟芬·埃莉诺·玛丽·波林·加拉尔·布拉萨克·贝恩（José phine-El é onore-Marie-Pauline de Galard de Brassac de B é arn, Princesse de Broglie）以她的美丽而闻名。法国画家安格尔（Ingres，1780—1867 年）用精美的细节呈现了她缀满精美花边的缎面礼服和华美的首饰。

上图： 约翰·加利亚诺将秀场变为戏剧舞台，完美地呈现了一个戏剧性的叙事作品，将虚构的琉克勒茜公主的故事与他 1994 年春夏作品相结合，并于巴黎上演。其中夸张的克里诺林衬裙是由可伸缩的电话线在内部进行支撑的。

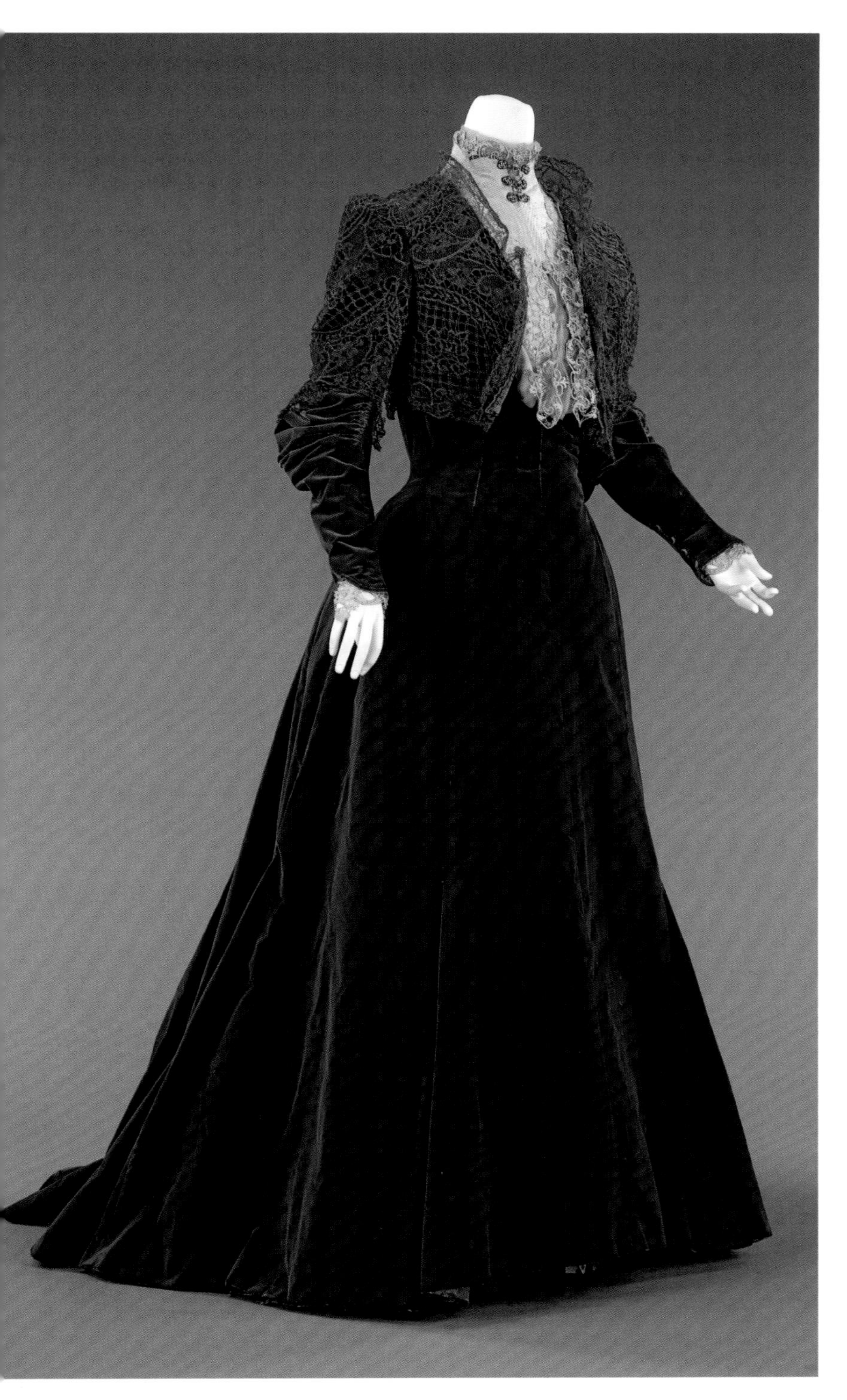

左页图：与沃斯所设计的富有流动感的公主线连衣裙形成鲜明对比，安德烈·库尔勒斯（1923—）设计的未来派礼服运用了一种密织布来塑造整件连衣裙的挺括感。

上图：比起在人台上进行立体裁剪，查尔斯·弗雷德里克·沃斯更倾向于采用平面裁剪的方式，而他对时尚界产生的最深远的影响之一就是设计了公主线，如上图中这件1889年制作的灰色真丝天鹅绒便宴服。

公主线连衣裙

当时尚教父查尔斯·弗雷戴里克·沃斯创建了历史上第一间高级定制女装工作室并展示由他设计的公主线连衣裙时，克里诺林衬裙就已经过时了。作为当时的时尚引导者，沃斯在很大程度上推动了19世纪服装廓型的变化，由他所设计的公主线结构与当时流行的服装结构（紧身连衣裙的上半身是在腰部通过缝份进行缝合）有很大的不同。19世纪70年代早期，沃斯创造了这种新颖的公主线连衣裙廓型，据说其是以威尔士王妃亚历山德拉(Alexandra)之名命名的，这位时尚女王是英国国王爱德华七世(Edward VII)的配偶，也是其最具影响力的客户之一。制作该裙首先要裁剪出三角形的裁片，再将裁片垂直缝合在一起，使得裙子在下摆处产生巨大的空间，同时保持臀部的平滑度。将裁片一直延伸到肩膀，形成完整的一片是个较为简单的步骤，只要将胸部的省道和腰部的松量转移至裁片的切割线处即可。公主线理念随后又催生了一款与束身衣类似的廓型，其长度逐渐增加，1878年的时候发展到长及大腿。这两种想法随后融合在一起，去除了腰部缝份，并直接将裙子分割为从肩到底摆的裁片。公主线廓型被运用在多种风格的裙子中，其中包括来自17世纪怀旧的波洛涅兹连衣裙（一种抽绳的外套裙，见第39页）。

公主线已发展成为使服装更为合体化的常用结构之一，使用不同的面料能够使制作的服装具有动感或硬挺。由于转移了所有胸部与腰部的省量，因而形成了一个现代化的流线型轮廓。中世纪美国高端成衣的先驱宝林·崔吉尔（Pauline Trigère）运用从肩部到下摆的垂直缝份，创造了一件造型合体的外套。20世纪60年代，公主线的弯度变小，服装廓型开始演变为略宽松的高腰风格，下摆处的接缝中添加了展开量，从而形成了更易于穿脱的A型廓型。这在巴黎未来主义设计师安德烈·库尔勒斯（André Courrèges）富有建筑感及未来感的裁剪中能够看到，同时这位设计师将口袋垂直地安装在缝份线中。

孕妇裙

孕妇装在时尚产业中变成一项可盈利的特殊商机，是在20世纪晚期由名人孕妇们以及弹性面料的面世所推动的，自那时起怀孕的妇女不再试图隐藏或掩饰自己的孕肚，而是开始歌颂其日渐丰盈的曲线。在此之前，由于外界对女性的性别歧视，怀孕的母亲都刻意掩盖自己的孕肚，甚至会因为分娩而从公众视野中消失一段时间。与那些需要为自己每天所穿服装发愁的穷人不同的是，生活在上层阶级的时髦人士们能根据当时的流行趋势而调整自己的服装，使服装适合自己不断增大的体型。受14世纪法国的影响，修身的廓型取代了宽松的T字形束腰外衣。尽管艾德丽安孕妇裙是史料上记载的第一条为了适应怀孕晚期而进行修身剪裁的礼服裙，但在这条裙子上，人们还是可以看到属于文艺复兴时期的繁复、华丽的装饰物。而在此之后的几个世纪里，孕妇所穿着的服装与未孕女士们的差别也仅仅只是松开了紧身胸衣而已。

最具特色的孕妇装之一是一条长长的围裙，系在乳房下的衣服上，覆盖着腹部，这一习俗一直延续到18世纪。19世纪初期的高腰线、无束腰风格的孕妇装通常是靠抽绳来调节松紧的，由于隆起的肚子使孕妇本身的腰围曲线消失，高腰抽绳就可以很容易地通过调整裙子来适应女性不断变化的身材。到了19世纪晚期，社会开始流行用穿衣掩盖身体短处，而维多利亚女王的多次怀孕更是推进了能够掩饰孕肚的孕妇装的诞生。这种缺乏自信的现象一直持续到20世纪初，直到1952年露西尔·鲍尔(Lucille Ball)成为第一个在荧屏上展示怀孕的女性，尽管当时“怀孕”这个词是被禁止在电视节目中出现的。这位女演员在《我爱露西》(*I Love Lucy*)中穿着流行的帐篷式工作服，裙长至大腿中部，在领子部位有个超大的蝴蝶结将人们的注意力从隆起的肚子上分散开来。

美国总统第一夫人杰奎琳·肯尼迪(Jackie Kennedy)在1960年为谨慎的孕期风格树立了典范。她穿着一贯简约、裁剪精良的无腰省直筒连衣裙和四四方方的西装外套，在不添加多余松量的基础上，掩饰了她日渐丰盈的身材。在20世纪90年代，大量的品牌开始涉足孕妇装市场，主要是用围裹式或悬垂式的服装展示孕妇的曲线。然而，走在时尚前列的准妈妈们却不再满足于穿着专门为准妈妈们所设计的孕妇装，而是选择她们衣柜中现成的或者是采购自时装店中的裙装。

左图：玛丽莲·本德(Marylin Bender)曾在她的著作《美丽的人》(1968年)中称美国的第一夫人杰奎琳·肯尼迪是“第一位流行时尚女神”，图中记录着怀孕时期的杰奎琳·肯尼迪，穿着一件款式考究的筒型孕妇裙。

右页图：这是一幅那个时期流行的“孕妇”肖像画，画中一位不知名的女性被认为是1595年出生在佛兰德斯的马库斯·盖瑞尔斯(Marcus Gheeraerts)，她所佩戴的珍珠项链象征着圣母玛利亚。

克里诺林裙

纵观整个时尚史，有很多方法可以使女裙的周长变得更大，其中包括 16 世纪的用鲸骨圆环扩大的裙撑、18 世纪的霍普裙撑（Hoops），以及 19 世纪的克里诺林裙。在维多利亚时期，这种丰满的裙子最初是由填充垫和大量马鬃（法国的马毛织物）加固后的衬裙支撑起来的，直到 1856 年，第一个笼子形状的克里诺林衬裙出现了，过去厚重、不卫生和笨重的衬裙由此被取代。1856 年，英国的 C. Amet 公司研发了一款钢制克里诺林的专利产品，它由多个外面包裹布料的柔性钢箍制成，可使其在行走时具有独特的斜度、摇摆性和动感。这条裙子的周长达 1.8 米，使得穿着者无法与他人近距离接触，同时也使穿着者的活动被限制在沉重的裙摆以及繁重的装饰中。随着社会对女性品行的判断越来越多地与顺从、依赖和家庭化联系在一起，克里诺林衬裙逐渐变得越来越大，在 1859 年达到顶峰。身体的廓型最后变成了两个三角形，在腰部中间有一个锯齿形的束紧腰身，突出丰满的胸部和臀部。这为女性理想的沙漏型身材树立了典范，这种身材代表着童话式公主的形象——克里诺林裙仍然是白色婚纱礼服款式中最受欢迎的廓型。已故女王伊丽莎白王太后在 1938 年对法国进行国事访问时，就穿着由宫廷裁缝诺曼·哈特奈尔（Norman Hartnell）设计的“温特哈尔特”（Winterhalter）克里诺林裙，这个款式是她一直以来都保持的风格。

克里诺林裙的再次复兴被 20 世纪 30 年代末爆发的战争所打断，最后因克里斯汀·迪奥在 1947 年推出的新风貌和纽约时装设计师查尔斯·詹姆斯的作品得以再次面世。詹姆斯在 1947 年至 1954 年期间，凭借其高超的裁剪技巧和克里诺林裙撑设计出一系列经典作品，达到了时尚界的巅峰。最值得一提的是著名的“四叶草”礼服，在这件礼服中，他设计了一个不对称的紧身胸衣，搭配巨大的、起伏不平的下裙，从而实现视觉上的平衡。现代前卫设计师的作品仍然还在继续演绎克里诺林这一题材，通过改变其结构或者大小比例进行再创造。我们可以在 1985 和 1987 年维维安·韦斯特伍德的“迷你科里尼裙”（Mini Crini）系列中看到，日本设计师川久保玲（Rei Kawakubo）在她的品牌“像男孩一样”（Comme des Garçons）中，也将克里诺林裙撑安置在服装外，使之看起来像是外露的骨骼。

上图：与当时的主流时尚唱反调，同时经过对历史的深入研究后，维维安·韦斯特伍德在1985年首次推出了这个“迷你克里诺林裙”系列。它是针对 19 世纪环状克里诺林裙而改进的缩短版，上身是紧身胸衣，搭配了一双鞋头翘起的松糕鞋。

左页图：这幅画像是1854年弗朗兹·克萨韦尔·温特哈尔特(Franz Xaver Winterhalter)所绘制的拿破仑三世(Napoleon III)的妻子尤金妮皇后，这幅画展示了她在杜乐丽花园(Tuileries)中散步的画面。她的裙子借鉴了玛丽·安托瓦内特王后的风格，内里由克里诺林裙撑支撑，裙撑的支架和肋带是用马毛和亚麻结合而成的。1860 年，当高级时装设计师查尔斯·弗雷德里克·沃斯成为了她的设计师后，她优雅的着装风格席卷了法国时装界，成为服装业的灵感来源。克里诺林裙去掉了衬裙层，只剩一个框架，这种设计为服装带来了轻盈和动感，尤金妮皇后就是这种裙撑最重量级的拥护者。到了1865 年，沃斯开始厌倦这种极为膨胀的克里诺林廓型（因为有的时候，超宽的裙撑直径都赶上了穿着者的身高）。由此，他又推出了一种前片平整的新样式。

左页图：由莎拉·伯顿担任创意总监的品牌亚历山大·麦昆，在2013年春夏上演了一场以蜜蜂为主题的大秀。最后登场的服装是克里诺林风格的真丝圆罩裙，上半身搭配仿玳瑁材质的紧身上衣。

右图：克里诺林裙撑的存在不再是为了支撑裙子的重量，而是将其裸露在服装之外，看上去像是骨架一样。这款服装出自广岛出生的设计师山本耀司（1943—）的2010/2011年秋冬系列，搭配了一件受18世纪风格影响的红色外套。

褶裥裙

褶裥（一种将面料折叠形成重叠的褶）与塔克和碎褶相似，是通过操控面料，来增加活动自由度并使服装保持苗条廓型的方法之一。出生于西班牙的戏剧设计师、画家、女装设计师马里亚诺 · 福图尼（Mariano Fortuny），于 1909 年在他位于威尼斯的工作室中研究出了一种充满雕塑感的褶裥面料，并用其设计出了特尔斐褶裥礼服裙（Delphos Dress）。这条受传统古希腊裙（希顿和希玛纯，见 12、13 页）影响的特尔斐褶裥裙，使用由混合了金属色颜料的植物染料染成的带有光泽感的面料，并结合独创的褶裥技术制成及地长裙。福图尼受古典礼服影响而设计的早期试验品原本是茶会礼服，即是一种在 19 世纪末 20 世纪初兴起用来代替 S 型廓型裙的居家长裙。直到 1920 年，在户外穿着特尔斐裙或由它变化而来的褶裥裙才开始被人们所接受。尽管福图尼不愿意公开这项褶裥技术的秘密，但人们推测很有可能是他在面料的幅宽处采用了手工疏缝，然后将疏缝的线缩紧，使面料束成一扎后使用加热的陶瓷滚轮滚压定型。但每当被弄平或沾湿时，这种褶裥不得不再次进行定型。直到 20 世纪 60 年代，加利福尼亚的服装制造商科雷特（Koret）公司发明的永久性压烫工艺专利技术才令褶裥彻底定型，不再受穿着和洗涤的影响。

这种褶裥面料多用于简洁的廓型中，例如由美国服装设计师克莱尔 · 麦卡德尔（Claire McCardell）设计的巧妙运用了日本和服元素的晚礼服，将面料在后颈最高点处破开，于前胸交叉缠绕，并用一条类似于和服饰带的腰带在腰部束紧。日本服装设计师三宅一生（Issey Miyake）以福图尼褶裥面料为灵感创造出独属于自己的褶裥面料，并于 1993 年推出了名为“三宅褶皱”的副线品牌，专门生产具有建筑感和创新结构的服装。在制作这种服装时，首先将 100% 聚酯纤维面料裁出一片比成衣大 2.5 到 3 倍的裁片，并将其缝合，然后将缝合完毕的服装夹在纸中，最后手工送入压褶机中定型。垂直、水平或是 Z 字形的褶裥被用在服装上，打破了传统时装的特征，创造出不同寻常的效果。

左图：这件使用中国红压褶丝绸制成的服装只是简单地包裹住身体，塑造出一个直筒廓型，是典型的极简风格，也是美国设计师克莱尔 · 麦卡德尔（1905—1958 年）对织物处理进行探索的成果。压褶工艺让原本轻薄的面料增加了厚重感。

右页左图：三宅一生的褶裥领先市场近 30 年，这幅照片中的裙子是他在 1995 年设计的塔式变化裙。这款裙子充分利用了经过热处理的压褶聚酯面料本身的建筑感潜力，形成了看似柔软的几何形状。

右页右图：这件穿在古典模特身上的大理石纹褶裥裙让人很容易想起马里亚诺 · 福图尼的特尔斐褶裥裙的流动感，静止时看起来就像是古希腊建筑中的女像柱。

艺术风格裙

1881 年，随着理性着装协会的成立，改革者们试图推翻维多利亚时期典型的女性服装——那些庞大的裙子和蕾丝紧身胸衣。她们不仅强调紧身胸衣对健康的负面影响，也强烈批评流行时尚的过度矫饰和感官上的极致庸俗。同时，为了回应 1851 年万国工业博览会中展现出的机器时代和大规模工业化的丑陋之处，一场应用艺术领域的革命也应运而生。拉斐尔前派兄弟会是这场革命的主导之一，这是一个由但丁 · 加百利 · 罗塞蒂（Dante Gabriel Rossetti）、威廉 · 霍尔曼 · 亨特（William Holman Hunt）和约翰 · 埃弗里特 · 米莱斯（John Everett Millais）成立于 1848 年的艺术团体。这两个运动都提供了另一种着装选项，即一种被视为“艺术性”的着装方式——穿着松垮垂感长袍，它的灵感源自中世纪的布里奥（Bliaut），一种带腰带的打褶及踝长袍。袖子也是宽松式样的，通常在袖头位置收紧并用缩褶装饰，同时袖窿宽大方便自由活动。这种风格的裙子宣扬了另一种类型的女性之美，在文学圈和艺术圈里广受追捧，包括拉斐尔前派画家的模特和情妇们，珍 · 莫里斯（Jane Morris）和伊丽莎白 · 西德尔（Lizzie Siddal）就位列其中。忧郁和倦怠的动作，苍白的肤色加上没有精心梳理过的深红色光泽卷发，在保守拘谨的维多利亚时期被认为是在传达一种与性有关的讯息。19 世纪 60 年代的艺术风格裙在 1970 年代变得不那么流行了，而是慢慢演化成唯美主义风尚，这是一个强调生活中方方面面都要具备美感的文化思潮。摈弃新开发的苯胺铬绿色和淡紫色，而采用植物染料中的陶土色、乳白色、红色和蓝色，还有一种被称为“Greenery yallery”的浅灰绿色，该描述概括了这种风格自命不凡的特点，经常被乔治 · 杜 · 莫里耶（George du Maurier）发表在《笨拙》（*Punch*）杂志上的漫画所讽刺。服装上的所有饰品都是手工制作，流行的图形有唯美主义的象征图案向日葵，以及百合花和孔雀羽毛。1862 年伦敦万国博览会上，日本应用艺术展览的推动使得东方风格的影响也很明显。这个展会启发了一位名叫亚瑟 · 莱曾比 · 利伯提（Arthur Lasenby Liberty）的年轻人，他在 1862 年成立了他自己的东方百货商场，进口一些颇受欢迎的艺术化面料，其顾客包括詹姆斯 · 惠斯勒（James Whistler）、乔治 · 弗雷德里克 · 沃斯和罗德 · 弗雷德里克 · 莱顿 (Lord Frederick Leighton)。

左页图：图为珍·莫里斯，威廉·莫里斯的妻子，拉斐尔前派画家但丁·加百利·罗塞蒂（1828—1882年）的情妇和灵感缪斯。1865年，摄影师约翰·罗伯特·帕森斯(John Robert Parsons）拍下了她代表性的倦容，当时她穿着没有紧身胸衣的裙子——与同一时代束缚于维多利亚风格的其他女性形成鲜明对比。

右图：但丁·加百利·罗塞蒂的画作《白日梦》（1880年）描画了当时流行的慵懒风格，珍·莫里斯倚坐在树林中，身穿一件色彩浓烈的宽松绿长袍，上衣带有松散的褶皱，是“艺术”罩裙的典型代表。

茶会礼服裙

19世纪70年代是维多利亚时代的束腰时期，女性摆脱了装有鱼骨的紧身胸衣的束缚，转而用一种半修身的宽松外衣“迪沙比”（Déshabillé）代之，这种服装用于出席新兴中产阶级的下午茶会。早期的茶会礼服是带有亚洲服饰特征的欧式风格，通常采用带有异域特点的面料，并结合历史元素制作而成。到了1900年，这种相对休闲放松的风格被推广为日常着装方式，也常见于非正式场合的朋友聚会。新督廓型出现在20世纪早期，灵感来源于法国大革命时期的筒状廓型，造型更加轻盈、且更具流线感，以英国宫廷服装设计师露西·达夫·戈登女士（Lucy, Lady Duff-Gordon，1863—1935年）的作品为代表。她是第一批弃用紧身胸衣的设计师之一，其将茶会礼服推广为日常外出的服装。作为一名商业女精英和企业家，她在1894年于伦敦旧伯林顿大街开创了梅森·露西尔（Maison Lucile）品牌，并于1896年搬至汉诺威广场。在那里，她推出了初代时装秀，并举办了私人茶会沙龙。尽管她的顾客贵至英国皇室贵族，她仍然创办了符合大众市场的副线系列，这些产品在美国的西尔斯·罗巴克（Sears-Roebuck）商场发售。她还为《时尚芭莎》（*Harper' s Bazaar*）和《好管家》（*Good Housekeeping*）杂志撰写时尚专栏，一直持续到20世纪20年代。

在美国，茶会礼服因美国设计师杰西·富兰克林·特纳（Jessie Franklin Turner，1881—1956年）而普及。她是20世纪初的时装设计师之一，对推动美国高级时装的发展有着不可磨灭的贡献。她标志性的茶会礼服裙不是基于西方的结构，如矩形轮廓，而是运用了精细的刺绣和复古面料。这是20世纪土耳其式长衫的雏形，在20世纪60年代后期被嬉皮士反主流文化所采用，这种服装主要为T型廓型，其结合非西方风格的布料和装饰进行制作。茶会礼服作为茶会时穿着的服饰也被收录在时尚界的词典中，其以独有的飘逸廓型持续风靡数十年，仅在裙摆长度和细节丰富度上做过微小改变。在现代时尚界，采用印花丝绸制成的茶会礼服出现在时装品牌拉夫·劳伦和葆蝶家（Bottega Veneta）的时装秀场中。

左上图： 由英国宫廷服装设计师露西·达夫·戈登女士于1915年设计的茶会礼服，使用塔夫绸、薄纱，以及雪纺制作而成，与正式的晚礼服相比，其特点是更柔软、宽松、实用，且更加休闲。

左图： 这条茶会连衣裙的灵感来源于20世纪40年代，是德国设计师汤马斯·麦耶（Tomas Maier，1957—）2013年为意大利奢侈品牌葆蝶家所设计的春夏系列，轻盈的真丝印花长裙完美地与一件带有相同印花的开襟式羊毛开衫融合在一起。

右图：为了摆脱紧身束胸，19 世纪 80 年代的女性开始穿着半修身宽松外衣“迪沙比”或是茶会服。“便服”（Neglig é es）是这种风格的服装后来的称呼，在 20 世纪初期一直被用于在非正式场合穿着。这件长裙是 1940 年由杰西 · 富兰克林 · 特纳所设计的，其作为正式礼服的备选，带有闺房风格。

蹒跚裙

尽管巴黎服装设计师保罗·波烈声称，他在 1906 年设计的管状廓型裙是将女性从 S 型紧身胸衣的严苛塑型中解放出来，但他却通过将蹒跚裙（或称霍步裙）与他对东方包括近、中、远东的想象相结合，将女性的脚踝绑在了裙中。

这些潮流部分是由 1909 年俄罗斯芭蕾舞团的舞剧“巴黎之梦”（以一千零一夜为蓝本的再创作）带起的热潮。波烈是最早推行在莱昂·巴克斯特（Leon Bakst）的戏服和布景设计中使用绚烂色彩组合和缤纷图案的欧洲女装设计师之一。精于自我推广的波烈在 1911 年举办了一次奢华的“一千零二夜”宴会，巴黎的精英被邀请身着土耳其袍款式的服装参加。蒂妮斯·波烈身着灯罩式外衣和波斯裙裤（一种用珠宝装饰的扎脚宽松女长裤），头戴一顶羽毛无檐帽，出现在舞会上以展示丈夫的新设计。灯罩裙借鉴了和服的特征，裙摆用线圈撑起远离身体，下面穿着大胆的蹒跚裙。其头重脚轻的灵感源于桌上的台灯。这种裙子后来也被称为“光塔”，是波烈为黎施潘（Richepin）1913 年的同名戏剧设计的服装。

裙摆宽度始终保持收紧，致使女性只能纤纤细步，让人们迫不得已在裙子内部膝盖处使用穗带进行收束，以防走路时撑破裙子。裙下还穿着由两个连在一起的环组成的束袜带，套在每条腿膝部以下的位置。讽刺的是，很多女权主义者在游行的时候也身穿正在流行的蹒跚裙。由于穿着这种裙子不方便上下当时正新兴起的汽车，蹒跚裙的风尚如昙花一现。

限制行动和绑束肢体的服装特征，是奴役和恋物癖时尚的一种表现。维维安·韦斯特伍德在 1976 年推出了被认为是朋克革命的绑带裤，它有一个束扣装置，非常类似于蹒跚裙中所用的部件。

上图：1911 年，保罗·波烈委托时尚插画家乔治·莱帕普（Georges Lepape，1887—1971 年）为他的第二个设计专辑《保罗·波烈的选择》(*Les Choses de Paul Poiret*) 绘制的效果图。莱帕普的画风以平实、生动的风格著称，完美诠释出女性的美丽。

上图：将黏胶纤维与棉质面料进行复合而形成的双面夹心面料，是由瑞典纺织面料生厂商 Fixtriksfabrika 所研发的。其在 1984 年被英国品牌 Bodymap 用于制作现代版的蹒跚裙系列“一只戴帽子的猫与一条电子鱼”。

骷髅裙

服装设计师对解剖学的狂热，起源于1938年艾尔莎·夏帕瑞丽(Elsa Schiaparelli)将脊柱骨骼作为装饰细节应用于长度及地的晚礼服设计中。尽管骷髅骨架的形象在传统意义上代表恐惧，但设计者异想天开，机智地将骨架形状通过绗缝工艺装饰在黑色哑光真丝表面上，使“骨头”的轮廓通过夹棉的方式呈现出来。这套服装出自该设计师名为“马戏团”的服装系列，这个系列是与西班牙著名超现实主义艺术家萨尔瓦多·达利（Salvador Dalí）合作的产物。比这个作品更加暗黑的当属英国设计师亚历山大·麦昆的哥特式风格作品，他的作品中使用的材料往往令人更加震惊或易产生不适的感觉，他擅长使用类似于鲜血、骨头和皮肤等元素以逼真的效果进行呈现。他的同名品牌以头骨作为标志性的印花图案，这个装饰性图案象征着生命的短暂和躯体的瓦解。1998年，珠宝设计师肖恩·利尼与麦昆合作，打造了一个铝制的胸腔骨骼模型，作为一条黑色连衣裙的补充部分，该图案也被多次印制在T恤上。麦昆把蠕虫放置在透明塑料制作的紧身上衣中，进一步展现了矛盾的魅力，暗示内在身体结构和外在的剥离，代表一种对自然束缚的叛逆。人类的心脏通常用基本的红色心形图案表示，然而比利时设计师奥利维尔·泰斯金斯（Olivier Theyskens）在他1998年秋冬服装系列中，以半透明的紧身衣作为画布，在红色血管和动脉的包围下展现出这一器官。

如今运用了激光雕刻或3D打印等高科技技术处理的骨架模型结构更加栩栩如生。来自阿姆斯特丹的设计师艾里斯·范·荷本（Iris van Herpen），用高科技手段创作完成了复杂的骷髅连衣裙，即用受电脑控制的脉冲激光把粉状聚合物或金属固定到服饰表面，看起来灿烂耀眼，其不仅出现在巴黎的时装秀场中，也被卡琳·洛菲德（Carine Roitfeld）当作配件出现在香奈儿的影集“小黑外套”（ The Little Black Jacket）中。骷髅真正被视作一种流行文化归功于嘎嘎小姐（Lady Gaga），当时这个图案出现在由英国舞台设计师和插画师加里·卡德（Gary Card）为她2009/2011年的巡回演出“怪物舞会”而设计的一件人造皮衣上。

左页图：这件由海伦·斯道瑞（Helen Storey）所设计的脊椎裙出自于设计师和她妹妹（进化生物学家）合作完成的一个概念服饰系列。为了展现科学与艺术深厚的联系，此系列将DNA扫描图案印于服饰上，展现人类胚胎的发育过程。

右图：夏帕瑞丽在1938年设计的骷髅裙中的结构细节，与1929年的漫画《糊涂交响曲》（*The Silly Symphony*）中出现的骨架有着异曲同工之处，在这部动画中，骨骼作为主演上演了一场超现实的死亡之舞。这种体裁重现于1937年的电影《骷髅的狂欢》（*Skeleton Frolic*）中，带有典型的夏帕瑞丽式喜剧/服饰色彩。

下页图：这件为亚历山大·麦昆品牌创作的骨骼式紧身胸衣是由珠宝设计师肖恩·利尼设计的，他将它作为科幻超现实主义的传承物，以及新哥特主义设计作品的一部分。这件作品令人想到超现实主义画家吉格尔（H.R.Giger）的绘画作品《死灵IV》，这也是导演雷德利·斯科特获得奥斯卡奖的作品《异性》（*Alien*）的灵感来源。

后页图：艾里斯·范·荷本已然成为了时尚界未来主义的领导者，她在设计作品中加入了3D打印技术，使用打印的方法完成了骨骼结构的制作，呈现了未知的生命形态。

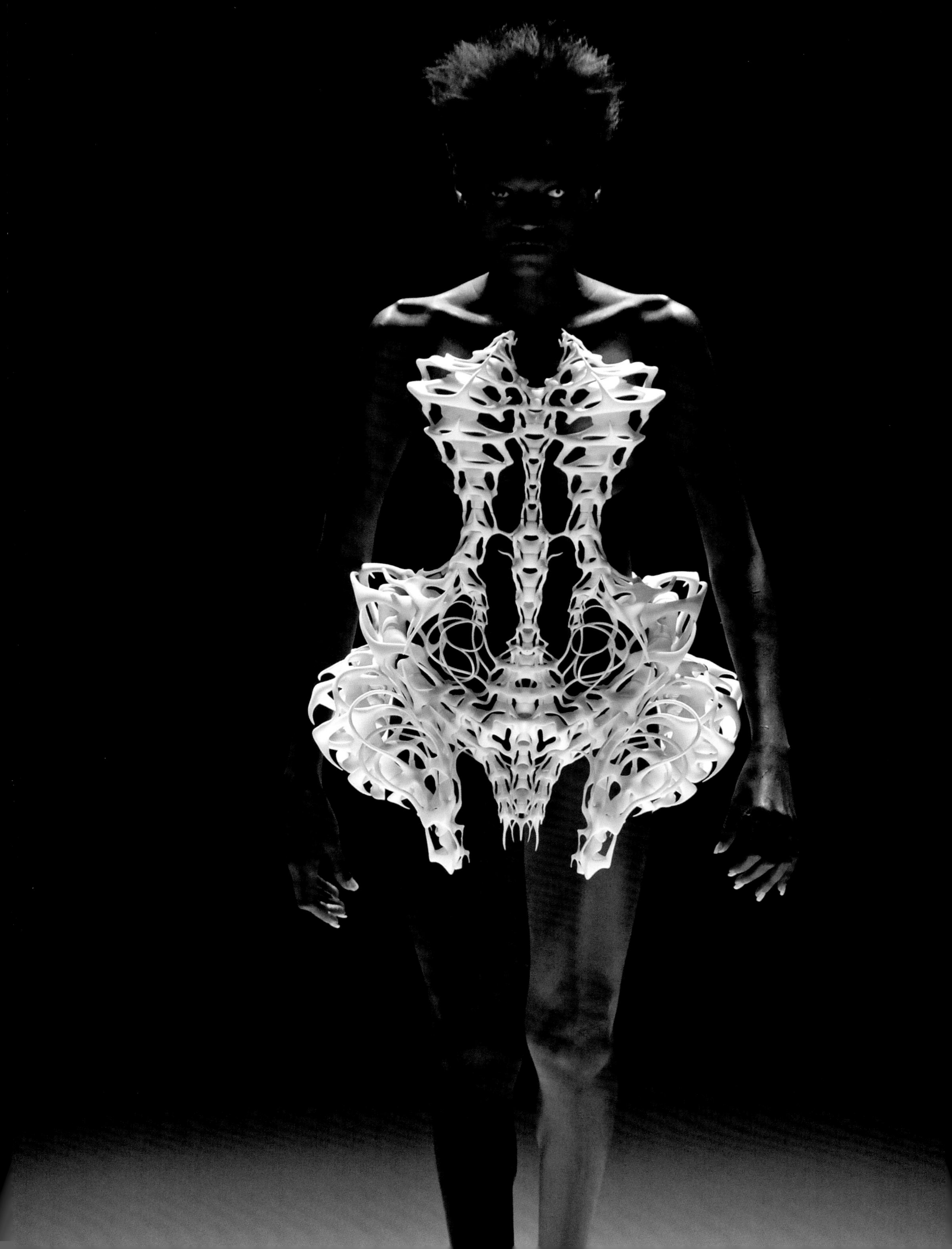

装饰艺术风格裙

巴黎于1925年举办了"国际装饰艺术与现代工业博览会"（Exposition Internationale des Arts Décoratifs et Industriels Modernes），装饰艺术运动也正是起源于巴黎这一现代派都市。尽管包括英国、丹麦、希腊、日本和苏联在内的各国也参与了此次博览会，但人们还是普遍认为该博览会是旨在将巴黎确立为世界时尚奢侈品之都。这次博览会给勒·柯布西耶（Le Corbusier）等激进派建筑师和索尼娅·德劳耐（Sonia Delaunay）等先锋派艺术家提供了一个平台。此外，该博览会对建筑学、室内设计、纺织品和时装也产生了影响。装饰派艺术的诞生标志着一批文化和艺术风潮达到最高点。从1910年开始，立体派和未来派艺术、超现实主义、非洲艺术，以及日本木刻等风潮的影响不断扩大。特别是随着1922年埃及法老图坦卡蒙陵墓的开放，从圣甲虫、棕榈树、金字塔到象形文字和狮身人面像，揭开了埃及文物的各个方面神秘的面纱。多方面的影响形成了装饰派艺术最具标志性的图案：几何图形、金字形神塔、太阳光线、风格化的贝壳和扇形图案，以及人字形回纹。在意大利未来主义和快节奏生活的影响下，流线型设计风靡了设计界。时装廓型因运动和户外活动的流行而逐渐变化，直筒裙的简单线条也体现了这一点（见第50页）。这是一种不显腰身的宽松直筒裙，在1925—1928年期间，它的长度刚好及膝。这种直筒裙主要通过装饰物来展示其魅力，因此它的廓型越来越简洁，装饰越来越华丽；作为晚装穿着时，则会大量运用流苏、串珠、嵌花，以及金银线刺绣。由可可·香奈儿和让·巴杜推广开来的提花羊毛套装和针织裙，其特征是装饰派艺术典型的人字形和几何图案，由于针织面料固有的水平与垂直结构，这些图案很容易被应用于服装中。

伯纳德·内维尔（Bernard Nevill）是20世纪60年代装饰派艺术的复兴先锋，同时他也是英国皇家艺术学院纺织设计专业的教授和伦敦利伯提（Liberty）百货的印花主管。这次复兴与20世纪二三十年代的怀旧风潮和"剧场"（Odeon）风格几乎同时发生，当时好莱坞的魅力已取代了被限制的包豪斯现代主义风格，芭芭拉·胡兰尼姬（Barbara Hulanicki）在伦敦肯辛顿大街装饰艺术百货商店中开设的Biba专卖店正是这一现象的缩影。

左图：保罗·波烈于1924年设计的绿色真丝雪纺宽松直筒长裙上有用金线绣成的人字回纹图案，形状看上去像箭头。臀围处有一条宽松的腰带作为装饰。

右页图：从芭芭拉·胡兰尼姬设计的隆起的肩头造型和简洁的针织A字裙可以看出，其颇具影响力的品牌Biba的特点是善于运用装饰派艺术图案和20世纪40年代的复古廓型。

流苏裙

作为法国纺织业的推动者，设计师查尔斯·弗雷戴里克·沃斯在设计中曾大量使用了精巧的手工流苏这一装饰细节。他对 1860 年代中期前部平坦的裙撑和拼接裙不断进行试验，其中也包括了珠饰的使用，如流苏、穗带和缘饰都是维多利亚女王时期人们最钟爱的时尚饰品。

与沃斯设计的笨重结构形成鲜明对比的是 20 世纪 20 年代跃动的流苏。那时的轻佻女郎（在行为和道德上）都是痴迷爵士乐、狂热且放纵的，当她们开始接受起源于美国黑人文化的切分音舞曲时，也体现了现代主义精神。新现代主义的象征，从新汽车的流线车型到查尔斯顿裙上跃动的流苏装饰都意味着与过去的不同。女郎们穿着这种廓型简洁的直筒裙，在跳土耳其快步舞时就能自然地拥抱舞伴，也能不受拘束地享受查尔斯顿舞（由奇格菲歌舞团于 1923 年首次表演）。

流苏为直筒裙呆板的线条增添了灵动感，同时也与装饰派艺术的几何交错图案十分融洽，可通过不对称或阶形接缝来增加服装的趣味性。为了使闪闪发光的效果最大化，流苏通常会从臀线一直延伸到裙子下摆。在 20 年代后期，由于裙子的长度差不多位于膝盖和小腿中间，流苏和裙中的三角形插片则成为了从视觉角度改变裙子长度的方法之一。当露背装成为一种时尚时，流苏装饰开始演变为从肩缝处垂下的长流苏，或者悬垂在披肩的尾部遮挡住手臂。然而流苏在 20 世纪四五十年代却不再是时尚界的宠儿。20 世纪 60 年代末、70 年代初的时尚风潮也不再是晚礼服了，而是与美国的嬉皮士文化以及他们创建的"美国第一民族"（America's First Nation）文化紧密相连。

流苏仍旧是一种表达异域风情的简要方式，正如彼得·邓达斯（Peter Dundas）在璞琪（Pucci）2014 年的春夏系列中将流苏与马萨伊（Maasai）刺绣结合起来。把流苏的一端做成毛边效果在当代时尚中更为常见，卡尔·拉格菲尔德（Karl Lagerfeld）掌管下的香奈儿也非常喜欢用这一设计。

左页图：人字回纹是装饰派艺术所偏爱的一种图案，它展现了直筒衬裙的线条，同时也在腰背部和不规则的下摆处制造了焦点。这款由维奥奈在 20 世纪 20 年代设计的流苏裙在走动时才能展示出其应有的魅力，坐着不动会掩盖它的线条感。

右图：这是一条爱德华·莫林诺克斯在 1926 年设计的流苏裙。为了使裙面达到闪闪发光的效果，他在裙子上固定了三层真丝乔其纱条，每条都缀有一串闪光饰片。

左页左图：这条2004年春夏纪梵希高级定制系列的流苏裙，是由朱利安·麦克唐纳德（Julien Macdonald，1972—）所设计的，使用了渐变染色工艺的不规则流苏为整条裙子增加了丰富的层次感。这些流苏穗条从底部的橙色渐变到灰色，再自然地过渡到裙身的黑色。

左页右图：弗里达·贾娜妮（Frida Giannini）在其执掌的古驰2011/2012年秋冬秀场上，对20世纪20年代流行的直筒裙进行了现代版本的演绎，作品采用了金色与黑色相间的串珠装饰。对比强烈的表面装饰强调了装饰派艺术风格以及受立体派影响的设计图案。

右图：意大利奢侈品牌艾米里·璞琪曾经是20世纪60年代的富人或如杰奎琳·肯尼迪这样的美人的最爱，其以丰富的颜色而闻名，如今在彼得·邓达斯的领导下，将串珠流苏与马萨伊装饰结合，如2014年春夏发布的作品。

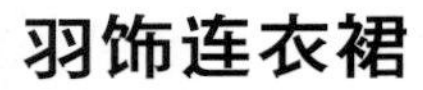

羽饰连衣裙

西方时尚界对羽毛装饰的着迷要追溯到16世纪，费迪南·麦哲伦（Ferdinand Magellan）等探险家从全球探险中带回了各种具有异国情调的物品。几个世纪以来，羽毛更多的是用作点缀头颈部轮廓的局部装饰，而不是整件服装。以白鹭、鸵鸟和天堂鸟羽毛制成的头饰极具轻盈感，使法国玛丽·安托瓦内特王后的发髻因此而更添魅力，20世纪歌舞女郎的表演也因此而更加精彩。然而女性的心思是反复无常的，鸵鸟羽毛在20世纪20年代原本是用来作为裙子的装饰，在20世纪30年代的晚礼服中也有运用，然而当设计师们发现衣领和下摆带有轻颤的羽毛能使裙子更具活力时，羽毛装饰在20世纪60年代再度流行起来。1969年，伊夫·圣·洛朗用天堂鸟羽毛和纤巧的浅色绒球制作了一系列晚礼服，其所采用的羽毛都出自一家专业手艺人工作室——羽饰坊世家（House of Lemarié），这也是羽毛技艺的一次成就。为了实现圣·洛朗的奇想，每一片羽毛都是分开染色、搓捻，最后再编到底布上的。

20世纪60年代无论男女都认为时尚就是鲜亮的色彩和华丽的图案，因此孔雀翎上的奇异图案对印花设计师来说十分具有吸引力。1970年，时装和纺织设计师桑德拉·罗德斯（Zandra Rhodes）在参观了美国印第安人国家博物馆后，从中获得了灵感并设计出了“印第安羽毛”系列，不仅在飘逸的真丝雪纺裙上设计了羽毛印花，而且在裙子下摆处还有条状真丝雪纺做成的人造羽毛。

鸟类是力量的象征，它们也是亚历山大·麦昆设计作品中反复出现的主题图案，无论是在“丰收号角”（The Horn of Plenty）系列中用无数染成黑色的鸭毛制成的完整鸟形裙，或是以刺绣和印花的形式出现在面料上的鸟类图案；还有以印花形式呈现的羽毛或者人造羽毛，也都是为了达到同样的效果。设计师莎拉·伯顿（Sarah Burton）在亚历山大·麦昆品牌2011/2012年秋冬“冰雪女王和她的宫廷”（Ice Queen and Her Court）系列中，用散口薄纱裙搭配一件紧身上衣，上衣饰以立体的真丝欧根纱羽毛，用这种人造羽毛的形式代替了鸟类颈部的羽毛。

左上图：1927年，路易丝·布朗热（Louise Boulanger）在巴黎创办了自己的沙龙，在那里她创作出了属于她自己的普夫廓型（Pouf line），这个款式的上身为直线型廓型，下半身为蓬松的宽摆造型。她所设计的羽毛流苏裙的直筒上衣采用斜裁法，同时在低腰处加上了许多零散的羽毛片，这也成了一大特色。

左图：1969年，伊夫·圣·洛朗用天堂鸟尾羽和真丝欧根纱制作了一件轻薄的及膝丘尼克，在颈部位置使用带花纹的翼羽对高领进行装饰，巧妙地平衡了裙子摆动时飘起的姿态。

右页图：2010年，莎拉·伯顿在亚历山大·麦昆突然离世后，推出了她在该品牌的第一个系列。在开拓自己风格的同时，这款麦穗状织物拼成的猫头鹰图案紧身上衣与东方雉鸡羽毛长裙的组合也继承了麦昆的设计风格。

低腰宽髋长裙

与 20 世纪 20 年代的假小子们所穿的无腰身直筒裙相比（见第 50 页），来自巴黎高级时装设计师珍妮 · 朗万（Jeanne Lanvin）的低腰线、臀部宽大的长裙（Robe de style）设计则更具浪漫色彩，同时展示了精致的刺绣和高级时装的工艺水平，这在直筒裙的简单线条中很难表现。有的顾客可能由于身材不够纤细而穿不了香奈儿或巴杜的直筒裙，但这种半正式服装模糊了形体轮廓，它对任何年龄和体型的顾客来说都颇具有吸引力。尽管通常把这类长裙与朗万联系在一起（在 20 世纪 30 年代初，她还设计了许多类似风格的不同服装），但包括卡洛姐妹（Callot Soeurs）、露西尔（Lucile），以及法国布埃姐妹（Boué Soeurs）时装屋在内，一些女装设计师也在他们的作品中加入了这类款型的设计。

这种裙子的加宽廓型是通过轻型的帕尼尔裙撑（在法国称为篮式裙撑）进行调节的。这种裙撑起源于 17 世纪的西班牙公主裙，在 18 世纪通常是用木头或鲸骨制成。它将裙身的两侧撑宽，同时保持前、后片的相对平坦。这种撑起的裙摆充分展示了法国旧制度时期的精致装饰和繁复刺绣，赛尔维（Sylvie）和珍妮（Jeanne）这对布埃姐妹的宽髋长裙设计中也同样采用了这一样式。这对姐妹基于 18 世纪笨重的裙型和繁冗的装饰，将之改造为可以出席宫廷和舞会等正式场合的新式礼服。典型洛可可风格的镶嵌贴花和褶裥设计常见于 18 世纪时期的紧身胸衣，布埃姐妹在其品牌的服装中广泛运用这类设计，即在礼服上层叠缠绕出立体花朵，其中以招牌玫瑰装饰最具特色。她们巧妙地将丝绸或金银线缎带做成花篮状花边，而这种精致的贴线缝绣装饰花边也成为了大西洋两岸公认的布埃标签之一。

在之后十年里，斜裁礼服盛行，马德琳 · 维奥奈（Madeleine Vionnet）用黑色丝绸薄纱设计了一款低腰宽髋裙。与 20 世纪 20 年代所流行的服装不同的是，她用硬马鬃和单独的篮式裙撑塑造臀部弧度，这种服装结构更为简洁、固定，装饰也没有那么华丽。到了 1938 和 1939 年，复古的及地浪漫主义长裙再次流行起来，直到第二次世界大战爆发才退出时尚舞台。

左页图：正如迭戈 · 委拉斯开兹（Diego Velázquez，1599—1660 年）给西班牙公主玛利亚 · 特蕾莎（Maria Theresa，1653 年）所画的肖像所示，鲸骨圆环裙撑最早出现在 16 世纪初的西班牙宫廷，用来撑宽女性的裙摆。

上图：约翰 · 加利亚诺在迪奥 2001/2002 年秋冬高级定制系列中的法式裙装（Robe à la française）上使用了大型的裙撑、奢华面料和嵌入鲸骨的紧身胸衣，这也是对法国旧制度时期和玛丽 · 安托瓦内特王后时期传统裙装的重新诠释。

左图：珍妮·朗万（1867—1946年）于1889年开创了法国最古老的高级时装定制店。其著名的精美宽髋裙设计始于1922年，特点是裙内的帕尼尔裙撑和裙上的精致刺绣、镶嵌贴花和细工串珠。

上图：与当时简洁并且修长剪裁的服装相比，布埃姐妹在1932年设计的宫廷式宽髋礼服裙中所采用的装饰生动而活泼，这也代表了法国早期高级时装设计无可比拟的精湛技艺水平。

右图： 标志着以古典风格的斜裁礼服而闻名的维奥奈夫人的设计作品风格发生明显改变的正是这款宽髋长裙。其制作年代可追溯至她职业生涯晚期的1939年。这款长裙中仅装饰了一层斑点薄罩纱，使裙子的轮廓更为鲜明。

俄罗斯风格裙

源起于拜占庭时期的传统俄罗斯风格连衣裙，在 17 世纪因莫斯科转向对欧洲时尚的偏爱而式微，这是彼得大帝致力于推动沙皇俄国向欧洲主要力量转变而产生的结果之一。尽管在整个沙俄期间，欧洲时尚一直是寻常百姓的参照标准，但某些俄罗斯风格连衣裙的款式在 18 世纪已然成为风靡全国的装束。鲁巴哈（Rubakha），一种罩衫，流行于基辅公国时期至 13 世纪。它的衣边、袖子和领口上都点缀着精细生动的刺绣，男女皆可穿着，女装鲁巴哈及踝并微收领口。它一般穿在外衣（Dalmatic）内，这是拜占庭时期一种丝绸或亚麻细布质地的束腰外衣，常染成鲜亮的颜色。

莫斯科公国时期，鲁巴哈穿在萨拉凡（Sarafan）里面，萨拉凡是一种梯形的连胸长裙，搭配窄肩襻带，有时套在杜舍格雷亚（Dushegreya）外——一种无袖背心/马甲，背部以管形褶皱收腰。正式的萨拉凡绣着华丽的花纹和花环，并用金线花边和金属蕾丝修饰，配上银质或镶金纽扣，在接缝处拼出装饰图案。萨拉凡在腰部位置用窄辫式样的腰带围成束腰，而裙子下摆较为宽松。在俄罗斯的北部省份，丝绸萨拉凡通常搭配头饰——尕古什尼（Kokoshnik），用刺绣、珍珠、金银线和珍珠母贝装饰，而没有太多华丽点缀的萨拉凡通常搭配系在下巴处或脑袋后的头巾上作为日常装束。

萨拉凡的民俗本质和拜占庭式织品的华美装饰，都持续不断地为设计师们提供灵感。伊夫·圣·洛朗在他 1976 年的系列中引入了大量的“东方”元素，包括借鉴莱昂·巴克斯特于 20 世纪初为俄罗斯芭蕾舞团设计的服装系列，以及有繁复华丽装饰的杜舍格雷亚和鲁巴哈。以使用如金织锦、丝缎、彩虹色丝绸等奢侈面料为主要特色，这一系列代表着设计师最美丽的作品之一，进一步推动了奢华嬉皮风的流行，也诞生了很多具有持久影响力的风潮，其中包括哥萨克帽（Cossack hats）、阿尔卑斯山地风情连衣裙和“农民”衫。

左上图：一个身着俄罗斯服饰的女孩肖像（1784 年），作者为伊凡·彼得罗维奇·阿古诺夫（Ivan Petrovich Argunov，1727—1802 年），展示了尕古什尼——女性为搭配萨拉凡穿戴的传统俄罗斯头饰。已婚妇女戴的款式会遮盖住头发。

左图：出生在撒丁岛的设计师安东尼·马拉斯（Antonio Marras，1961—）曾担任日本品牌高田贤三（Kenzo）的创意总监，他热衷于发扬品牌特色，使用复杂的花纹图案。图为 2009/2010 年秋冬系列通过几何印花图案排列呈现出错视效果的萨拉凡。

右页图：向俄罗斯芭蕾舞团致敬的同时，伊夫·圣·洛朗（1936—2008 年）1976 年展出的系列奠定了他在那个时代高级时装设计领域中的重要地位。俄罗斯民间风格和华丽材料并存，为奢华嬉皮风设立了经典范式。

左图：普拉达（Prada）最初为一家主营奢侈皮革行李箱的小商店，在缪西娅·普拉达（Miuccia Prada，1949—）的带领下，于1988年成为颇具影响力的时尚品牌。2013年春夏系列的这套服装结合了和服的简约剪裁和日本武士风的细节处理。

右页图：安格鲁—日本风格的代表，《瓷国公主》这幅画是“孔雀屋”（Harmony in Blue and Gold：The Peacock Room）内饰的中央装饰品，作者为美国出生的艺术家詹姆斯·阿博特·麦克尼尔·惠斯勒（James Abbott McNeill Whistler，1834—1903年）。

日本风格裙

日本对西方服装的影响始于 1862 年伦敦国际博览会上日本应用艺术的展览，该展览由时任驻日本的英国总领事阿礼国（Rutherford Alcock）组织发起，而最本质的推动力是 1853 年日本开始向西方敞开大门。那次展会引发了大众对东方和异域产品的兴趣，一位白金汉郡布商的儿子亚瑟·拉森比·利伯提（Arthur Lasenby Liberty），同时也是摄政街上法默和罗杰斯披肩商店（Farmer and Rogers' Great Shawl Emporium）的雇员，力劝他的老板开设一个东方专柜。利伯提随后在 1875 年创立了他自己的东方百货商店，最初叫东印度大楼（East India House），自 1870 年代末起以利伯提百货（Liberty & Co.）闻名。

除了进口原材料和成衣，利伯提在 1884 年开设了一个制衣部门，由设计师、美学运动的领导人，以及后来的服饰协会秘书长 E·W·古德温（E. W. Godwin）监管。商店变成了日本风格的大本营，也着力把这种美学推广至更多的受众，例如华丽的和服原本是仅有少数贵族才能穿着的特权服饰，被普遍认为是日本国服的和服（直译为“用来穿的东西”）是一种简单的 T 型外套，长方形的布折叠成正方形的套筒，并且缝合边缘只留出伸手的小缺口。19 世纪末 20 世纪初，和服这种多功能的外衣提供了一种“简衣”风格的范本，女性在闺房里穿着时可以不穿束胸，男性也可把它当成家居服。

东方和西方的融合源源不断地为设计师们提供灵感。和服、宽腰带（Obis）、折纸式（Origami）剪裁和艺伎（Geisha）妆容被约翰·加利亚诺运用至迪奥高级定制 2007 年春夏系列。2013 年，意大利设计师缪西娅·普拉达把武士（Samurai）（日本前工业时期的军事贵族）穿戴的盔甲和装束与闲适的和服式裙装剪裁结合起来，再用菊花的喷绘加以装饰。菊花的日语为“Kiku”，是历史上代表日本皇室的花卉，也象征着活力常驻和延年益寿。厚底短袜（Tabi）是日本的传统袜子，其大脚趾和其他脚趾分开，是很多鞋款的灵感来源。

中国风格裙

随着 18 世纪欧洲商贸公司的扩张，近东、中东和远东风格的连衣裙随势被引入欧洲时尚圈。被借用和改进的异国风格包括中国风，主要以编织、印染和刺绣丝绸为特色，这种风格在洛可可时期和路易十四当政期间尤受欢迎。使用进口物品最初是贵族的特权，但随着这种风格的愈加风靡，英国丝绸织工仿制了原初的设计，从而发展出一种变化风格，主要特征是本土化的龙、塔、凤凰、著名的风景和花卉植物，颜色以琉璃黄和浅“中国绿”为主。这些材料用于制作浮花织锦女士外套——曼图阿（Mantua），这是一种正式装束，穿在充分展示昂贵面料和繁复细节设计的宽大环形衬裙之上。1930 年代，现代艺术家开始偏好夸张的涂漆室内设计，使得中国风强势回潮，展示了一幅想象出来的充满异域风情的中国印象画面。

以中国为背景的好莱坞电影既把中国文化视为一种风格，又将其当作一种叙事性灵感，从而推动了旗袍的流行，当时的粤语称其为“Cheongsam”（长衫）。旗袍最初是 1850 年后普通中国人穿的一种宽松立领“连衣裙”，在西方慢慢演变成边缝开衩的紧身裙，出现在如约瑟夫·冯·斯登堡（Josef von Sternberg）的《上海快车》（*Shanghai Express*）等电影中。中国演员黄柳霜（Anna May Wong）与玛琳·黛德丽（Marlene Dietrich）共同出演了该电影，她后来又出现在以伦敦唐人街为背景的《莱姆豪斯蓝调》（*Limehouse Blues*）中。黄柳霜的龙袍长裙，这件奢华的丝质裙呈现了所有关键的中国风格元素，包括旗袍领口和一条随着衣身剪裁而蜿蜒的金色巨龙。

中国风格是时尚界历久弥新的趋势，但是鲜少有像罗伯特·卡沃利（Reberto Cavalli）那样的设计师，这位意大利设计师在 2005/2006 年秋冬系列中将明代青花瓷元素直接运用于服装的造型和装饰中。

右图： 意大利设计师罗伯特·卡沃利（1940—）在反响热烈的 2005/2006 年秋冬系列中演绎了钴蓝色釉下彩，一种 14 世纪从波斯传入的颜色，被称为“伊斯兰蓝”——灵感来源于中国的手工瓷器“青花瓷”。

右页图： 身着修身剪裁的旗袍，上面绣着金色巨龙，美籍华裔电影明星黄柳霜（1905—1961 年）在亚历山大·赫尔（Alexander Hall）带有悲观色彩的影片《莱姆豪斯蓝调》（1934 年）中的形象成为 20 世纪早期神秘“异域”风尘女子的原型。

条纹连衣裙

条纹是一种充满活力的图案，能让目之所及都变得灵动活泼。人类的眼睛总是习惯性地寻找直线，人与生俱来对秩序的偏好使得随着比例和色彩不同搭配而变化的条纹成为炙手可热的印花之一。中世纪时，条纹一向被视为非主流，由于条纹衣物代表着失序，是被驱逐的人或诸如江湖骗子、妓女等身份低贱的人穿的，横条纹服装则经常是连环画中盗贼、学生和犯人的典型装束。条纹不仅能起到天然的警醒作用，如斑马线等警示装置；还经常能让穿条纹衣服的人在人群中脱颖而出；也能用于区分不同队伍，比如橄榄球队环形条纹短上衣或军团条纹领带。条纹是所有图案中最简单的一种，由一系列延伸至同一方向的平行线条组成，但它们也可以组合成复杂的样式。

在时尚界，许多设计师都尝试过条纹印花和编织式样条纹的不同效果，尤其是斜织（将两块布料的边缘按 45 度剪掉，然后缝合在一起）成为 20 世纪 30 年代巴黎和纽约的一股设计潮流。这项工艺被美国的奢侈成衣品牌设计师伊丽莎白 · 霍斯（Elizabeth Hawes）所发扬，其后的吉尔伯特 · 安德里安（Gilbert Adrian）又将这种斜织条纹工艺用于他的招牌套装裙系列中，很多好莱坞明星都穿过这款裙子，比如琼 · 克劳馥。以善用丝绸雪纺而闻名的美国女设计师詹姆斯 · 加拉诺斯（James Galanos）在 1955 年设计了一条水手风格的红白条纹晚礼服，不规则的曲线条纹，泳衣式敞露后背的设计和裙褶边的打结都让这条裙子有种随意的航海风。丝绸雪纺透出了底下的条纹，产生了一种扩散的涌动感。

色彩多变的经编条纹是意大利公司米索尼（Missoni）自其品牌创建以来的标志性特色。20 世纪 70 年代，公司在段染纱线上使用活泼的彩色条纹和“之”字纹让针织衫摆脱了朴素的形象，转而成为时尚的先锋。英国设计师保罗 · 史密斯（Paul Smith）标志性的多彩条纹用在了从丝质衬里到夹克、吊带裙等很多产品上，他的 2005 年春夏系列均采用了数码印刷的竖条纹和鲜亮的印花。

左图： 詹姆斯 · 加拉诺斯（1924—）是 20 世纪中期挑战法国高级时装主导地位的美国设计师之一，她设计用料奢侈的高端手工成衣，如这件红白条纹相间的丝绸雪纺裙。

右图：英国设计师保罗·史密斯（1946—）在他2005年春夏系列中将高分辨率数码照片印制出的逼真花卉与其标志性的彩色条纹结合起来，即吊带长裙套在碎花衬衫外。

非洲风格裙

欧洲设计师们向来对非洲土著艺术和织物的喻义与美学有所迷恋。相比西欧传统的繁文缛节和过于精细的文雅特质，非洲艺术形式直截了当的表达方式给了他们很多启发和灵感。被视为原始的美国黑人文化、非洲艺术和音乐在“咆哮”的 20 世纪 20 年代（Roaring Twenties）颇受西方文化的欢迎，以约瑟芬 · 贝克的表演和黑人滑稽喜剧为典型代表。南希 · 库纳德（Nancy Cunard）痴迷于原始艺术，常常把非洲象牙手镯从手腕叠戴到手肘。库纳德是一位诗人，同时也是 Hour 出版社的创始人以及 1934 年出版的《黑人》（*Negro*）的作者，她因雕刻家布朗库西（Brancusi）的作品“Jeune Fille Sophistiquee”赢得不朽之名，是那个时代“有志青年”的原型。

美国设计师玛丽 · 麦克法登（Mary McFadden）在 1965 年担任南非版 *Vogue 杂志*的采购编辑期间对非洲纺织品产生了兴趣。浓烈的色彩、动物主题的首饰和狩猎夹克均出现在 1966 和 1967 年的纽约、巴黎时装周，其中包括巴黎设计师伊夫 · 圣 · 洛朗的系列。他受非洲艺术的启发，在 1967 年设计了用木材、贝壳和玻璃珠子点缀的宽松直筒连衣裙，被美国《时尚芭莎》杂志（*Harper's Bazaar*）誉为“原始天才幻想曲”，其后又为意大利奢侈品牌杜嘉 · 班纳（2005 年春夏系列）和古驰（2011 年春夏系列）所借鉴。1968 年，圣 · 洛朗推出了狩猎夹克，这是一种多口袋、剪裁宽松的亚麻质地的中性风格夹克，它慢慢变成一种季节性主要产品，随着电影《走出非洲》（*Out of Africa*，1985 年）的上映而变得尤其畅销。

约翰 · 加里亚诺在 1997 年为迪奥高级定制时装设计的处女作，使用了非洲马萨伊女性的珠饰装点“美好时代”（Belle Epoque）风格的紧身束胸裙。马萨伊人是分布在肯尼亚和坦桑尼亚北部尼罗河流域的半游牧族群，将他们的装饰艺术转置到欧洲服装设计的秀场上可视为一种文化降格，何况串珠技艺作为马萨伊女性的一种艺术形式有长达几个世纪的历史，并含有特定的社会和等级涵义。除了使用有特色的深沉大地色蜡染印花面料外，克里斯托弗 · 贝利为博柏利 · 珀松品牌设计的 2012 年春夏系列也把马萨伊风格的珠饰宽领用在简单的亚麻连衣裙上。垂褶和打结的连衣裙点缀着木质、珠状，以及拉菲草的装饰和配饰。

右图：克里斯托弗 · 贝利为博柏利品牌设计的 2010 年春夏系列模仿了原始爪哇蜡染技术（一种手工操作的防蚀蜡染技术）中的传统靛蓝色和深棕色，将印染面料卷曲、缠绕于身体上，使裙子看起来很简洁。

右页图：1997 年，约翰 · 加里亚诺在克里丝汀 · 迪奥高级定制服装首秀中的 50 套裙子展示了他对传统和全球文化一贯的兼收并蓄。设计师在这套裙子中将 20 世纪 30 年代斜裁缎衣与马萨伊风格珠饰装点的美好时代样式的束腰裙结合在一起。

由胡安·潘托哈·德·拉·克鲁兹（Juan Pantoja de la Cruz，1553—1608年）绘制的瓦卢瓦的伊莎贝拉肖像(1605年)，她是西班牙国王腓力二世的第三位妻子，她所穿着的礼服运用了不加装饰的黑色面料，充分体现了那个时期西班牙宫廷礼服的极端礼仪和低调的优雅。

小黑裙

小黑裙（通常被简称为 LBD）的普及在于它是每一位女性衣橱中最不可缺少的一件单品，以及它那即穿即时髦的特性。被普遍认为是永恒经典的香奈儿黑色福特连衣裙，在 1926 年被美国 *Vogue* 杂志称为“香奈儿‘福特’，一条全世界的女性都为之倾倒的连衣裙”，理由是它与当时销量最好的福特 T 型车一样火爆，且同为黑色。这条连衣裙是由法国著名时装设计师可可 · 香奈儿设计的，她是 20 世纪最有影响力的设计师之一，由她设计的注重功能性的舒适服装让 20 世纪 20 年代的新时代女性与其产生共鸣。随着裙子长度的日渐缩短（1926 年是裙子的长度达到有史以来最短的时期，仅到膝盖向上两英寸），此时由香奈儿设计的连衣裙忽略了女性的身体曲线，使用直线造型，从肩缝线到下摆都采用直线剪裁，因被那个时期的消瘦型女孩们穿着而变得流行起来，进而被称作假小子造型。在此之前，黑色是只有老年妇女或是在葬礼上才会穿着的服装色彩，是香奈儿将黑色裙装变成了一个如此优雅时髦的选择，其既可在日间穿着，也可以在当时新流行起来的鸡尾酒晚会上穿着，正式程度比舞会礼服稍低。

与这条低调的小黑裙有着千丝万缕联系的是著名电影演员奥黛丽 · 赫本（Audrey Hepburn）。在 20 世纪 50 年代，高级时装设计师赫伯特 · 德 · 纪梵希为赫本在由比利 · 怀尔德（Billy Wilder）拍摄的 1954 年的电影《龙凤配》（*Sabrina*）中出演的角色设计了演出服。据说这位女演员拒绝依靠好莱坞戏服设计师伊迪丝 · 赫德（Edith Head）为这部电影准备全部服装，而请求纪梵希为她做设计，其设计的服装记录了她在这部电影中角色的蜕变——从笨拙的司机女儿到见多识广的成熟女性。这部电影拓展了以女性为主的观众群体，并使赫本成为时尚的代名词，当她穿着由纪梵希设计的小黑裙，搭配珍珠项链和盘发出现在由布莱克 · 爱德华兹（Blake Edwards）1961 年拍摄的电影《蒂凡尼的早餐》（*Breakfast at Tiffany's*）中时，时尚达人的称号更得以巩固。

在当代时尚界，小黑裙已经从过去结构简约的合体连衣裙演变为如今不管在长度、面料，或是质感上都包含无限变化的款式。如在 2014 年春夏马克 · 雅各布（Marc Jacobs）担任路易 · 威登 (Louis Vuitton) 设计总监时的最后一场秀上，模特们展示了结合烧花天鹅绒、蕾丝、格纹、流苏、水晶，以及羽毛装饰的一系列工艺精湛的黑色连衣裙。

右图：20 世纪 20 年代，由针织面料制成的随意自然、便于运动的服装开始流行起来，宣告着摩登时期的到来。1926 年，可可 · 香奈儿发布了经典的小黑裙，成为女士衣橱中经久不衰的搭配单品，同时被公认为新式的非正式晚礼服。

左图：这条由纪梵希设计的自两边肩端点开始横向裁剪的一字领小黑裙，其最初的设计目的是为了掩饰电影女演员奥黛丽·赫本突出的锁骨。她穿着这件船型领风格的服装出演了由比利·怀尔德执导的电影《龙凤配》。

右图：在这幅由约翰·辛格·萨金特（John Singer Sargent）为皮埃尔·戈特罗夫人（Madame Pierre Gautreau）所绘制的画像"X夫人"（Madame X）中，因性感的黑色缎面连衣裙与画中人物白皙的肤色形成鲜明的对比而引人遐想，使得这幅画在1884年初次亮相巴黎的沙龙时引发了争议。

露背裙

裸背的性感力量最早是于 20 世纪 20 年代由迷人的露背晚礼服表达出来的。而在此之前，女性们在进行太阳浴、游泳和水上运动时所穿着的泳装或休闲装已经打破了得体的界限。这也让当时像乔治 · 霍尼因（George Hoyningen-Huene）这样的摄影师们能够在新闻报道或杂志上合法发布近似裸露的照片，同时也为大众接受后期身体其他部分的裸露铺平了道路。因为穿着露背服装就无法对胸部进行支撑，导致越来越多的女性为了适应这种裸露的服装风格，开始节制饮食和进行健身。

高级时装设计师马德琳 · 维奥奈在 20 世纪 30 年代针对欧洲高级时装定制客户群推出的斜裁露背礼服（这种礼服的特征是在后腰处有许多复杂的碎褶）在设计时就遵循了女性的身体曲线。流动的真丝缎礼服很快受到像珍 · 哈露和卡洛尔 · 隆巴德（Carole Lombard）这样勇于挑战好莱坞规则的银幕女神代表们的追捧。因为在好莱坞的海斯法典中曾近乎苛刻地详细规定了什么内容禁止出现，当中也包括禁止裸露乳沟，于是女演员们用裸露后背这一种表达性感的新方式取代了露胸。受装饰艺术风格的几何图形影响，这种裸背装通常是宽松地悬挂在两边肩膀处，下摆带有三角拖尾或臀部带有荷叶边装饰。而露背晚礼服更是利用各种有光泽的面料，如双绉面料、金属色面料和塔夫绸，以及那种同时具有亮光和哑光色泽的双面色丁面料，以形成对比。相比其他任何时期，这一源自 20 世纪 30 年代的服装风格对现代设计师们的影响一直持续不断。对于女明星们来说，经典红毯照片的拍摄方式就是转身背对相机，手放在髋上，并透过肩膀望向镜头，将背部留给镜头。因为走完红毯需要较长的时间，因此背部的视觉效果与前面一样重要。穿着设计师纳伊 · 姆汗（Naeem Khan）设计的礼服的维密超模罗茜 · 汉丁顿 – 惠特莉（Rosie Huntington-Whiteley）以及穿着艾莉 · 萨博（Elie Saab）高级定制的女演员希拉里 · 斯万克（Hilary Swank）都将这款灵感来自 20 世纪 30 年代的露背礼服展现在她们的红毯造型中。

左图： 现代露背礼服中的裸露部分日益加深，包括露出性感的背部甚至腰部下方。在这张典型的红毯照片中，罗茜 · 汉丁顿 – 惠特莉穿着的是由印度裔美国设计师纳伊 · 姆汗设计的合体礼服。

右页图： 这张穿着斜裁绸缎露背裙的性感照片充分代表了 20 世纪 30 年代的戏剧魅力。在深色的紧身衣之上围裹浅色面料并在后腰处打结，而后形成一个飘逸的拖尾。

斜裁裙

巴黎高级时装设计师马德琳·维奥奈为20世纪30年代的时尚界贡献出一种新的服装廓型，其仅仅使用少量斜裁真丝绉，这个著名的服装廓型加快了当时流行的管状流苏和珠饰宽松服装退出历史舞台的进程。朴素的着装以及对衣着的严格限制和约束是两战时期向现代主义过渡的标志，它们是通过控制几何形状的面料而制成的，如方形和扇形（4个同样大小的1/4圆），由此一来，这些面料就可以覆盖全身。设计师直接在一个1/2尺寸的人台上进行立裁，用大头针在人台上别出服装的廓型再进行剪裁。

闻名天下的“斜裁法”是指在裁布的时候斜向穿过布料的纹理，而不是顺着其纹理进行裁剪。维奥奈特经常从直纹（梭织面料同时具有经纱以及纬纱，垂直以及水平排列的纱线垂直相交形成直纹）入手，然后将面料旋转45度，由此一来面料就呈斜丝状态了；接下来绉丝面料会在边缘处加重，在将裁片缝合之前，会在工作室里挂上几周，以减轻裙摆的不平伏现象。早在1910年，维奥奈就曾尝试过斜裁技术，并在跟随卡洛姐妹时期，以及后来作为杰克·杜塞（Jacques Doucet）的学徒生涯中熟练掌握了这种方法。该方法可根据面料的幅宽仅使用最少的裁量。维奥奈将非西方的和经典的服装结构技术结合起来。

斜裁法所形成的感官魅力在好莱坞的银幕上得到了充分开发，如卡洛尔·隆巴德和珍·哈露这两位轰动一时的金发尤物。在1933年的电影《晚宴》（*Dinner At Eight*）中，珍·哈露穿着一件由米高梅公司的首席服装设计师吉尔伯特·阿德里安所设计的缎面斜裁礼服，为美国观众普及了维奥奈的合身廓型。

时尚界的幻想家约翰·加利亚诺充分探索了斜裁法的极佳悬垂性，在20世纪90年代创造出了斜裁吊带裙的原型。为了凸显身体的轮廓，这件灵感来自女性内衣的连衣裙被裁剪得极为合体，通常与极细肩带相搭配。面料选用贴身绉绸或真丝雪纺，这种性感的连衣裙通过模特凯特·摩丝的演绎而迅速变得流行起来，并因已故王妃戴安娜于1996年在大都会博物馆的舞会（Met Ball）上穿着而引起轰动。

右页图：与传统的裁片拼接方式不同的是，玛德琳·维奥奈（1876—1975年）直接在一个1/2大小的人台上对布料进行立体裁剪，在古典美学的基础上创造出款式简洁的晚礼服。她所设计的服装更多的是强调形体而不是装饰性。

右图：约翰·加利亚诺善于拼凑布料以形成性感的廓型，这在1995/1996年秋冬服装系列中复杂的结构设计上可见一斑。在斜裁工艺的基础上，他还使用弧线形缝纫的方式将礼服的裙片斜向地缝合在一起。

孔雀裙

作为一种近乎神话般的鸟类，孔雀具有极大的象征意义，如骄傲和自我陶醉式的炫耀，其光泽的外表、宝石般的颜色，以及羽毛的图案都被真实地转化为装饰艺术与印花设计。作为 19 世纪末唯美主义运动的关键词，孔雀羽毛在服饰的高度装饰性时期具有特别的吸引力，天然的孔雀羽毛可以用于扇子和服装配饰的制作，也为亚瑟 · 希尔弗（Arthur Silver）所设计的孔雀印花织物提供了灵感源泉，他在 1880 年创建了希尔弗工作室。这家位于伦敦的商业图案设计工作室与伦敦百货商店利伯提建立起了良好的合作关系，孔雀羽毛的设计在接下来的整个世纪以及后来都与该商店有着千丝万缕的联系，并运用到诸如塔纳细麻、兰塔纳羊毛、中国绉纱、乔其纱、府绸、真丝缎及针织等面料产品中。

对孔雀的赞美起源于斯里兰卡和印度，在当地它与皇室有着紧密的关系，后来孔雀宝座象征着波斯的君主权力。1903 年，当时的印度总督妻子，寇松夫人（Lady Curzon）曾身穿孔雀礼服出席德里的国家舞会，这场舞会是为了宣布爱德华七世（King Edward VII）成为印度君主。该礼服由高级时装设计师让 · 菲利普 · 沃斯（Jean-Philippe Worth）设计，这件带有胸衣的丝绸长裙以银色绣线手工缝制的重叠式孔雀羽毛图案为特色，而孔雀的“眼睛”则用蓝色和绿色的甲虫翅膀来突显。

捕捉美好年代的辉煌是当时最为流行的主题，孔雀羽毛经常会出现在服装制作者与高级时装设计师的作品中，包括鲜为人知的巴黎维克斯（Parisian house of Weeks）时装屋，曾于 1910 年在一件丝绸礼服上将印花和绣花的孔雀图案融合在一起。在 20 世纪 60 年代末的“彩虹十年”，孔雀成为自由思想的象征，预示着复古主义的来临，这是由新艺术主义的自由发展所导致的，当时设计师们喜欢将鸟类元素融入他们的纺织品中。再者，致幻药物的使用让人产生了对迷幻图案和千变万化的色彩的向往，其中孔雀羽毛是最受欢迎的图案，它代表了那个时代的艳丽潮流。英国设计师和色彩大师马修 · 威廉姆森（ Matthew Williamson）将孔雀羽毛图案与浪漫的波希米亚主义联系在一起，他在2004 年春夏系列中推出了标志性的孔雀印花图案。通过其朋友“金发缪斯”西耶娜 · 米勒（Sienna Miller）的演绎，孔雀印花裙建立了当代的“波西”风格。

左图：巴黎维克斯时装屋出品的孔雀刺绣礼服标志着从美好年代的极端沙漏型廓型到 1910 年的宽松直筒服装廓型的转变，并更注重于二维装饰而不是立体的荷叶边和褶边装饰。

右页图：这幅寇松夫人的全身画像由威廉 · 罗格斯戴尔（William Logsdail）所作（1859—1944 年），画中完整保存了孔雀翅羽的光彩。这种奢华的满地图案面料被用于制作 19、20 世纪之际流行的沙漏型礼服。

左页图：这件亚历山大·麦昆在2008/2009年秋冬推出的无肩带芭蕾舞连衣裙，上面装饰着一对对称的孔雀图案。该图案是由采用特殊工艺裁剪的黑色蕾丝制成，完全贴合于服装廓型，孔雀的尾羽沿着象牙色薄纱裙摆向周围散开。

右图：伦敦设计师马修·威廉姆森（1971—）是奢侈嬉皮风格的代表人物，这从他以黑色为主色调，再到将孔雀羽毛数码印花面料运用在这件2014年春夏系列连衣裙中，并利用手帕式裙摆巧妙突出服装自由流畅的线条可以看出。

鱼尾裙

这种波浪起伏的鱼尾廓型已经成为了一种流行的时尚元素，它于 20 世纪 30 年代紧随斜裁裙的面世而首次出现在大众面前，但其鱼尾效果主要是通过使用贴身绸缎或真丝绉绸而形成的。其主要特点是裙身紧，在膝盖处收拢，鱼尾边根据不同面料和礼服风格舒展成不同的角度。英国皇室御用裁缝诺曼 · 哈特奈尔（Norman Hartnell）和维克多 · 斯蒂贝尔（Victor Stiebel）在崇尚流线型美感的 20 世纪 30 年代，为长及小腿肚的花卉真丝日常裙装设计了一种微微内凹的鱼尾裙边，更宽的裙边被那个时代流行的垫肩造型所取代，这种造型因经典茶花连衣裙的流行而在当代时尚中仍旧占有一席之地。至于晚礼服，鱼尾的形态更加明显，因为有嵌入三角形裁片、斜裁或巧妙打褶，呈现出来的模样与领口、袖子和肩部的细节或者用同样材质做成的褶边披肩相呼应。

20 世纪 50 年代，最极致的状况是鱼尾裙膝部被面料束缚，使得穿着的人行走被限制，但这与 20 年代早期波烈设计的蹒跚裙（见第 94 页）的效果不同，个中差别主要是前者在踝关节处重新变得蓬松。无肩带或露背款鱼尾裙深受那个时代很多流行明星的喜爱，如歌手佩吉 · 李（Peggy Lee）和黛拉 · 蕊斯（Della Reese），通常搭配银色狐皮披肩以及过肘手套。它既不是被服装设计师炒热的裙型，也不是专门为精英客户群做的设计，而是一件本身就很精彩的礼服。

一种更夸张的鱼尾裙在沙漏型大受欢迎的时候受到热捧，或者说这是一款最受瞩目的长裙，尤其是在红毯上。膝盖处的开口为经典沙漏型造型增添了额外的撩人曲线，同时也为裙边布料营造了飘逸感。流行偶像碧昂丝（Beyoncé）钟爱用这种裙子打造华丽迷人的礼服造型。任何对这个复归流行的时尚潮流的质疑都被驱散，因为它对丰富面料的巧妙运用，以及精巧的装饰装点了众多闪耀的好莱坞时刻。

左页图：迈克尔·科斯特洛（Michael Costello）这位美国设计师擅长使用奢华面料制作鲍勃·麦基（Bob Mackie）风格（最出名的是麦基为演艺圈的偶像雪儿和戴安娜·罗斯所设计的服装）的长礼服，在2014/2015年秋冬系列中展现了他标志性的鱼尾礼服裙，该设计采用立裁的手法打造低领及结构感的紧身廓型。

右图：诺曼·哈特内尔（1901—1979年）是20世纪中叶英国最成功的服装设计师，同时也是伊丽莎白二世的宫廷裁缝。在1935年他为客户——20世纪30年代的英国领军女演员格特鲁德·劳伦斯（Gertrude Lawrence），设计了这款红色雪纺连衣裙。

多层褶饰裙

丝绸的"沙沙"声宣告着女性服装中的褶饰设计发展到了极致。法国艺术家詹姆斯·提索（James Tissot）依靠其精准的眼光捕捉到了这一点（他以对时尚新变化细致而准确的描写而闻名），在其画作《接待会》（*The Reception, or L' Ambitieuse*）中巴斯尔裙上的层叠褶饰设计代表了 19 世纪 80 年代晚期的世纪末美学观。而人们对如画般美学的追求欲望直到 20 世纪 30 年代末期才浮出水面，怀旧上个世纪浪漫主义的时尚风格取代摩登廓型成为了新的流行趋势。这些流行的灵感部分来自银屏影像，而不是巴黎沙龙，由于那时正值大萧条时期，美国通过上映一些古装戏剧寻求对现实的逃避。

在 1938 年威廉·惠勒（William Wyler）执导的电影《红衫泪痕》中，贝蒂·戴维斯穿着由奥里·凯莉（Orry-Kelly）设计的华丽褶饰裙，而这位设计师的竞争对手沃特·普兰克特（Walter Plunkett）设计的褶饰克里诺林长裙也使饰演斯嘉丽·奥哈拉（Scarlett O' Hara）的电影女演员费雯丽（Vivienne Leigh）在超级卖座影片《飘》（1939 年）中大放异彩。好莱坞电影对流行趋势的导向性超越了时尚发源地巴黎，并处在绝对优势地位，而琼·克劳馥在克莱伦斯·布朗的《情重身轻》剧中扮演的角色所引领的服装潮流也进一步证明了这一点。这种华丽而稠密的白色褶饰长礼服由好莱坞服装设计师阿德里安设计，其采用手工真丝薄绸，并配以精致的绉边袖，随后出现了大量仿造该款式的产品，这就是众所周知的"蝴蝶袖"连衣裙。在 1938 年夏初英国对法国的国事访问中，英国女王伊丽莎白也曾身穿出自英国宫廷裁缝诺曼·哈特内尔之手的由瓦朗谢纳花边、丝绸、锦缎、天鹅绒、塔夫绸、薄纱和雪纺绸制成的多层褶饰礼服。她的"白色衣橱"（由于在此次访问的三周前女王母亲去世，使得所有礼服被要求重制为白色，这是用来表示哀悼的皇室规定）灵感来自弗朗兹·克萨韦尔·温德尔哈尔特（Franz Xaver Winterhalter ）为奥地利的伊丽莎白皇后所绘的浪漫派画像。这个怀旧式克里诺林裙样式预示着未来十年的新时尚，并成为整个 20 世纪 50 年代的廓型缩影。21 世纪定制服装与日俱增的实用性和对细节的注重在亚历山大·麦昆的牡蛎裙中表现得淋漓尽致。这种裙子由千层褶边和象牙白欧根纱组成。

左页图： 通过对潮流服饰的精致做工与复杂细节进行精准捕捉，法国画家詹姆斯·提索（1836—1902 年）在绘画作品《接待会》中，从高耸的衣领到扫过地面的巴斯尔拖尾，都极其注重细微处褶皱织物的刻画。

上图： 出于对纯真女性气质的幻想，该礼服由阿德里安为琼·克劳馥在 1932 年克拉伦斯·布朗（Clarence Brown）执导的《情重身轻》剧中所扮演的角色而设计，与 20 世纪 30 年代日常简朴、合体的穿着和男性化的着装风格形成鲜明的对比。

左页图：亚历山大·麦昆使用叙事的手法在2003年春夏服装系列中上演了一场名为“艾琳”（Irere）的主题故事，描述了在海上遇到灾难的伊丽莎白时代的海盗及落水少女的故事。当中包括了这件经过海水砂洗的浅色多层褶饰连衣裙，令人联想到牡蛎壳的粗糙表面。

右图：这件露肩紧身上衣与多向褶饰长裙形成鲜明对比的礼服裙是玛莉亚·葛拉齐亚·基乌里（Maria Grazia Chiuri）以及皮耶尔保罗·皮乔利（Pierpaolo Piccioli）为意大利奢侈品牌华伦天奴设计的红毯礼服，彰显奢华的女性气质。

绕颈吊带裙

与许多初露端倪的设计一样，绕颈吊带装（这种款式的服装因其绕颈的设计而得名，起初绕颈装置是套在动物颈部的，以达到控制的目的）在 20 世纪 30 年代被引用到晚礼服的设计之前，常用于泳装设计，这种设计能使背部最大化地接受阳光的照射。当时流行的廓型是一种男女通用的流线型廓型，再加上绕颈的细节（由一条细绳或一片面料从衣服前片围绕脖子一圈用来拉住上衣），将视点集中在肩膀而非胸部。这种风格的变化款式包括用抽绳将上衣的余量收紧，或者绕颈的绳子再绕到脖子前面打个蝴蝶结。所有的变化都需要背部保持裸露状态。

低胸的设计是为了突出丰满的体态，如伊丽莎白 · 泰勒和玛丽莲 · 梦露等 20 世纪 50 年代的电影明星经常穿着无肩带裹胸裙露出香肩，或穿着绕颈肩带裙。绕颈裙既考虑了结构的设计还对胸部有一定支撑作用。玛丽莲 · 梦露算得上是性感女星的典型了，在霍华德 · 霍克斯 1953 年的电影《绅士爱美人》中，她穿着由她最喜欢的服装设计师威廉 · 特拉维斯（William Travis）为她剧中的角色罗蕾莱·李（Lorelei Lee）所设计的金色绕颈长裙。尽管金格尔 · 罗杰斯在 1952 年的电影《梦之船》中穿着了一件同样的长裙，但相较于梦露风情万种的演绎，她穿起这条裙子则显得太过平淡，给人留下的印象只有简洁。由于充分意识到这种款式所带来的影响，梦露再次穿起一件绕颈的白色褶裥连衣裙，并在比利 · 怀尔德（Billy Wilder）1955 年拍摄的电影《七年之痒》中以性感撩人的姿势站在地铁通风口处，这是电影史上最经典的形象之一。

现代绕颈吊带裙的设计并不是为了凸显或强调胸部，有时似乎还会避开它。2014 年，电影女演员艾米 · 亚当斯（Amy Adams）穿了一件华伦天奴高级定制绕颈吊带礼服，这件礼服由两种深浅不一的红色面料制成，胸部没有任何的支撑，这也使她成为当时优雅苗条身材的代表。这件礼服是由两个没有经过任何明显造型的三角形裁片组成的，礼服的上衣与高腰的长裙连成一体，曝光了一个新的性感区域或者说是红毯上的一个新现象，即所谓的“侧胸”。

上图：在当代红毯造型中，侧胸的吸引力已经取代了袒胸露背。图为电影女演员艾米·亚当斯穿着一件由玛莉亚·葛拉齐亚·基乌里和皮耶尔保罗·皮乔利 2014 年为华伦天奴品牌设计的红色露背礼服。

左图：这种灵感来自马来群岛原住民所穿围裙的流线型绕颈裙成为了 20 世纪 70 年代美国主流的晚礼服风格。由 20 世纪 70 年代著名模特劳伦·赫顿（Lauren Hutton）演绎的这款柔软、简洁、不加衬垫的哑光针织绕颈长裙，是由侯司顿（Halston，1932—1990 年）所设计的。

超现实主义风格裙

艺术与时尚之间富有创意的关联于 20 世纪 20 年代和 30 年代在先锋设计师艾尔莎 · 夏帕瑞丽和超现实主义运动的通力作用下塑造了一个典范。超现实主义由法国作家和诗人安德烈 · 布勒东（André Breton）创立，他宣称“美是不可控的，否则一无是处”，旨在探索由梦境和幻觉所释放出来的象征意象。这种置换行为颠覆了日常，取而代之的是用一种全新的、有视觉冲击力的情境。

意大利出生的艾尔莎 · 夏帕瑞丽在第一次世界大战之后逗留纽约期间，参与了达达主义运动，试图摆脱传统艺术。回到巴黎之后，她结交了曼 · 雷（Man Ray）、马歇尔 · 杜尚（Marcel Duchamp）、让 · 科克托（Jean Cocteau）、阿尔弗雷德 · 斯蒂格利茨（Alfred Stieglitz）和萨尔瓦多 · 达利。达利自封为超现实主义运动的领袖人物，他以离经叛道的公关噱头闻名，如他描绘的似醒非醒状态时戏剧化的梦境和沙漠中液态钟表的画作一样惊世骇俗。

夏帕瑞丽有个“艺术家设计师”的名号，这是因为她擅长在令人惊艳的针织服饰中使用错视画（Trompe l' oeil）的技法（直译就是“欺骗眼睛”的意思），如她 1927 年设计的蝴蝶结毛衣。她对错视画的偏好自然而然地造就了与达利的多次设计合作，包括骷髅裙（见第 97 页）和破洞裙，均为夏帕瑞丽 1938 年著名的“马戏团”（Circus）系列中的主要款式。用错视画的手法在面料上设计破洞和裂口，剪开并配上粉红色和品红色的里衬，让人联想起达利作品中皮开肉绽的画面。

夏帕瑞丽也同法国艺术家、诗人和电影导演让 · 科克托合作，他为夏帕瑞丽创作了两幅画，最后变成了她 1937 年夏季系列中的一件夹克外套和一件晚礼服。这件礼服的设计展现了科克托对视错艺术的痴迷，其可以解读为两张面向彼此的侧脸，或者一个竖立的装着玫瑰的凹槽花瓶。法国设计师让 · 夏尔 · 德卡斯泰尔巴雅克 (Jean-Charles de Castelbajac) 将他的 2011 年秋冬系列命名为“Woman/Ray”，用了艺术家、先锋派超现实主义摄影师曼 · 雷的名字做双关语。创作灵感来自摄影师的作品《泪珠》（*Tears*）和《安格尔的小提琴》（*The Violin of Ingres*），拍摄对象是雷的伴侣和灵感女神蒙巴纳斯 · 德 · 吉吉（Kiki de Montparnasse），她摆出了安格尔的画作《瓦平松的浴女》中模特的姿态。

左页图： 1937 年，艾尔莎 · 夏帕瑞丽将让 · 科克托构思的视错作品装饰在黑色背景上，提供了正、反面视角下不同的解读。侧脸轮廓与古典花瓶的正负形被刺绣工坊勒萨热 (House of Lesage) 绣在了这件真丝线衫上。

右图： 这个显而易见的相互交错的黑白人手被黛安 · 冯 · 芙丝汀宝 (Diane von Furstenberg) 用于 2012/2013 年秋冬系列中，制造了一种拥抱残象的超现实幻觉。加上贴身的版型和红黑相间的晚装手套，这个形象还有一种隐晦的含义，代表一个滑稽歌舞剧演员充满欲望却又孑然的爱抚。

左图： 用视觉化的方式将透视远景图像巧妙地与灯罩型迷你短裙结合在一起，并在底摆缀满了施华洛世奇水晶。玛丽·卡特兰佐（Mary Katrantzou）将她对错视画的强烈喜爱展现在2011年春夏系列中，运用数字技术达到超现实主义的效果。

右页左图： 让·夏尔·德卡斯泰尔巴雅克历史性地演绎了曼·雷1924年创作达达主义作品《安格尔的小提琴》时对超现实主义的喜爱，增加了大提琴音孔图案。照片中的著名美背印在这件2011/2012年秋冬系列的绸缎连衣裙的正面。

右页右图： 莫斯奇诺的副线品牌（Moschino Cheap and Chic）的2012/2013年秋冬系列在最简单的印花宽松连衣裙上用超现实主义的蒙太奇手法演绎出脸部结构，突出了嘴唇细节，并用亮片点缀出闪耀的效果。乌黑亮片勾勒的八字须增加了戏剧性效果，以此致敬达利。

修女裙

修女裙是一种突破性的服装，为 20 世纪中叶的妇女创建了一套易穿实用的现代着装规范。从 20 世纪 30 年代起，美国设计师克莱尔·波特（Clare Potter）、蒂娜·莱塞（Tina Lesser）以及后来的邦尼·卡欣（Bonnie Cashin）通过引入运动服装试图降低法国时装在市场上的份额，这种运动服装在英国称为休闲装，它比巴黎的时装更注重实用性和通用性，同时还将自由民主和轻松随性融入到时尚中。

新一代有影响力的代表性女装设计师当属克莱尔·麦卡德尔，心灵手巧的她通过对服装进行改革，为现代女性的生活解决了诸多不便：宽大的口袋，肩线下移以便更好地运动，围裹式连衣裙，以及简单、实用和方便的系解法，如拴扣和绳襻。这些改变都是基于易清洁的面料，例如格子布、针织面料和牛仔面料，这些面料过去只在男性工作服中使用。麦卡德尔起初是为零售企业家海蒂·卡内基（Hattie Carnegie）效力，在成为大型厂商汤利·福克斯的首席设计师以及后来的合作伙伴之前，一直为“汤利的克莱尔·麦卡德尔服装”（Claire McCardell Clothes by Townley）品牌设计服装，这也使她成为以名字作为商标的初代美国设计师之一。

麦卡德尔在设计上实现突破是在 1938 年，当时她设计了一款修女裙，之所以有这样的名字是因为这款服装的廓型看上去像是帐篷形状的修女服装。这种裙子的灵感来自一款斗篷状的阿尔及利亚服装，它是一种带帽子的粗羊毛斗篷，整个北非的柏柏尔人和阿拉伯人都穿着这种服装。这款不合体的连衣裙配有宽松的袖子，穿着时沿着肩膀垂下，或者由穿着者随意地系上一条绳状腰带。这种套头式的连衣裙为流行于 20 世纪 30 年代的颇具结构感以及裁剪精良的紧身廓型提供了一个替代的选择，同时也成为了纽约第七大道高端成衣的时尚代表。修女裙因其经久不衰的款式特点、朴素简单的色彩，以及由未定型的褶裥构成的舒适廓型，在数十年间多次被设计师们搬上时尚秀场。英国设计师约翰·贝茨（John Bates），在 1971 年推出了他的宗教式服装（使用灰色羊毛针织面料制成的及地礼服，被命名为唱诗班礼服）成为了被大量复制的畅销款。在 2014 年早秋系列中，英国设计师 J.W. 安德森（Jonathan William Anderson）推出了一款宗教式连衣裙，其特色为简洁和干练。

左页左图：克莱尔·麦卡德尔所设计的修女裙起源于 20 世纪 30 年代，这个时尚主打款贯穿于这位设计师的整个职业生涯，被拓展为不同面料及宽度的样式。裙子的绑带通常由滚边条制成，它能使穿着者自行决定腰围的高低。

左页右图：早秋系列使得设计师们在将设计理念运用到正式的季节性系列前，对创意进行探索。在 2014 年早秋系列中，J.W. 安德森(1984—) 设计了这款朴素简洁的裙子，未定型的褶裥是裙子的唯一细节。

右图：这件用灰色羊毛织物制成的双层及踝连衣裙，于 1971 年由离经叛道的设计师约翰·贝茨所设计，它的特色就是戏剧性的夸张横条纹，穿在一件具有喇叭状饰边克夫袖和夸张立领的衬衫之外，并产生馅饼皮似的褶皱，形成仿年轻唱诗班歌手的造型。

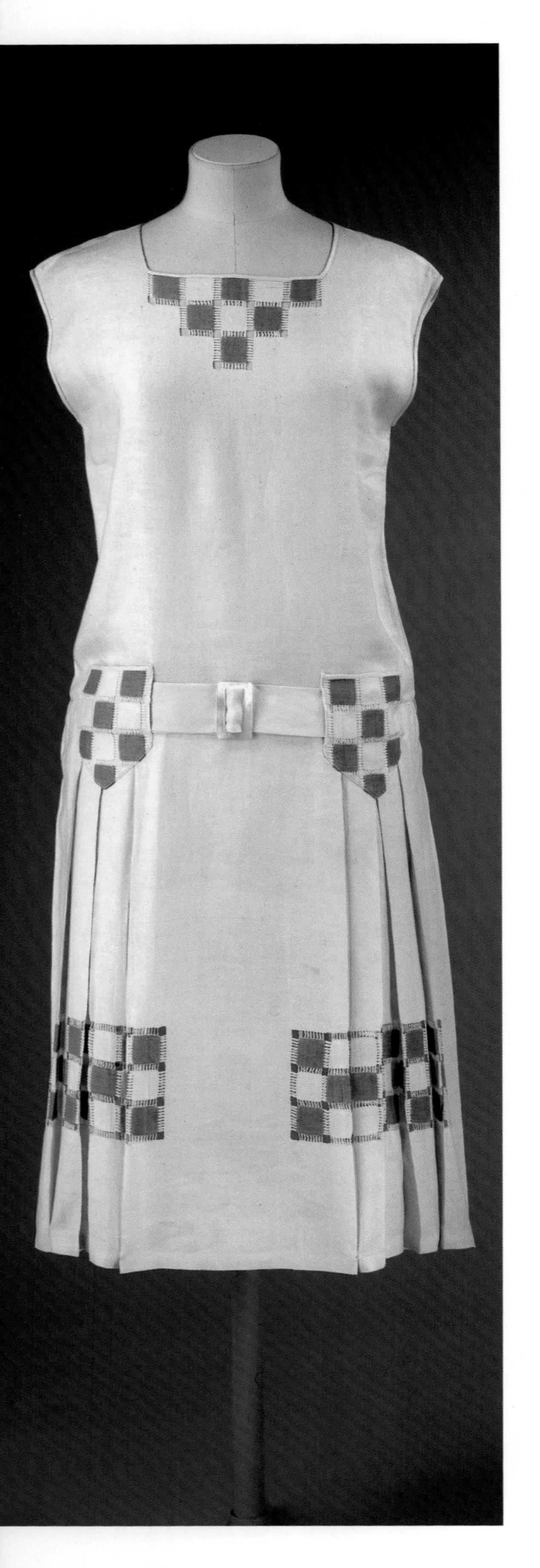

网球裙

各种户外活动，例如打高尔夫、滑雪和打网球，在 20 世纪 20 年代如雨后春笋般迅速流行起来。这个时代的女性们脱去束缚身体的鲸骨式胸衣，开始了更有活力的新生活。网球场变成了上流人士的社交活动场所，不管这个网球场是附属于一幢私人住宅还是坐落于当时新流行的“乡村俱乐部”（也称私人俱乐部）中。女士们越来越渴望有一种适合在打网球时穿着的、解放身体束缚的服装，即一种不妨碍运动的简单且有功能性的服装。网球运动缺乏一种特定的服装，在一定程度上给予了玩家们一种掌控时尚的自由，同时，为了在运动装这一当时尚未开发的市场中拥有一席之地，巴黎的时尚设计师们也热切地投入运动服装的设计中。让·巴杜，运动服装的领军人物，将妇女从累赘的层状运动装约束中解放，并发布了在公共场合穿着的“便服”，这是一款裙长被缩短至小腿肚的无袖连衣裙，有点类似于当时普遍流行的假小子样式的直身低腰衬裙款式。

网球裙几乎都是白色的，使用像双绉、法国印花绸、英国水洗真丝这样的轻质面料制成。巴杜曾受委托为以超凡的竞技实力和在赛场上解放束缚著称的体坛女英豪“非凡的郎格伦”苏珊·朗格伦（Suzanne Lenglen）设计服装，她在球场内和球场外都穿着他设计的服装。1924 年，让·巴杜在他的高级定制时装店中创建了一个名为“运动之家”（Le coin des sports）的专业运动装部门，玛德琳·薇欧奈于 1926 年也在她的巴黎时装店中增开了运动服装部门。

针织面料是能够为运动服装提供最佳机能性的理想弹力性能材料，包括一种松散针织的棉质面料（称为平针小凸纹的透气面料），最早被获得 7 次大满贯的法国网球冠军雷恩·拉科斯特（René Lacoste）用于制作一件白色的短袖衬衫，并穿着它参加了 1926 年的美国公开锦标赛。这种舒适的面料和非正式的运动装逐渐开始渗透到日常服装中，上身裁剪合体、裙部带有褶裥的网球裙甚至被并不从事运动项目的人们所追捧，因而被大规模生产。

2004 年斯特拉·麦卡特尼与阿迪达斯（Adidas）合作，运用受体育运动启发的材料制作时装，例如阿迪达斯紧身衣(Techfit)/能量网(Powerweb)材料，将功能性运动装与时装融合，将科技和服装结构共同推向高级时装的尖端。

左图：这件网球裙可追溯至 1926 年，它继承了当时主流的宽松直筒衬裙的低腰廓型，采用白色亚麻面料制成，并采用了常见于女士贴身内衣裤中的抽纱刺绣工艺，在方形的绿色亚麻贴片周围作为装饰。

右页图：这件将运动服与高端时尚相结合的网球裙是由英国高级设计师斯特拉·麦卡特尼(1971—)在 2008 年春夏与运动服装及配件的领先制造商阿迪达斯合作的基于拉科斯特网球衫所创作的女性变化款，其下方增加了一条围裹式短裙。

左图：简洁大方的娃娃裙天真无邪，肩膀处系蝴蝶结用以固定和装饰。巴黎服装设计师巴伦夏加（1895—1972 年）的西班牙血统让这条 1965—1966 年的黑色蕾丝裙也有着弗朗明戈多褶裙的影子。

右页图：伦敦设计师搭档密海姆·克希霍夫（Meadham Kirchhoff）的 2014 年春夏系列推出了摩登时代芭比娃娃裙，是一件配有甜美可爱的彼得潘领（名字取自莫德·亚当斯 1905 年饰演的角色）和前约克的半透明丝绸雪纺罩衫。

芭比娃娃裙

尽管芭比娃娃样式的裙子在20世纪40年代就出现在了插画师阿尔贝托·瓦格斯（Alberto Vargas）为《时尚先生》（*Esquire*）杂志创作的富有挑逗性的“瓦格斯女郎”画像中，但第一次对它进行具体的描述是在伊利亚·卡赞（Elia Kazan）1956年的电影《宝贝儿》（*Baby Doll*）中，主演卡罗尔·贝克（Carroll Baker）饰演一个19岁的早熟少女。这款裙子是天真和性感共存的混合体，命名借取了婴幼儿穿的短褶裙的名字。

当娃娃裙与贴身内衣的联系越来越密切时，洛丽塔式形象的矛盾感逐渐被消除，通过使用轻薄透明和制作内衣的材质，如雪纺、蕾丝和丝绸，并采用粉、蓝、丁香紫和柠檬黄等色调，让闺房着装的感觉越来越强烈。半透明的裙子装点着羽毛、蝴蝶结、花边和缎带，裙长至大腿中部的位置，形成摆动的A字型。设计师在服饰中融入了明显的性别特质，如巴伦夏加保持了原型中纯真的女性化特色，但通过服装工艺在裙子褶边下添加结构部件来保持裙子的整体廓型。

20世纪60年代，当娃娃裙与当时流行的青春形象完美重合时，这些技术就被摒弃了。Foale&Tuffin品牌和玛莉·奎恩特用薄纱棉、英格兰刺绣和圆点棉布设计制作了类似爱丽丝漫游仙境中缀满花朵的富有童趣的裙子。让·瓦伦（Jean Varon）的设计师约翰·贝茨在缎面高腰裙上覆上蕾丝，再用一小块铃兰花装饰的布料作胸罩式紧身上衣。配上细褶裥、泡泡袖、圆领，并裁剪到大腿长度，娃娃裙代表了一种青春洋溢的简单和纯真，而崔姬等模特摆出的孩童般的动作造型更强化了这种童稚感的印象。

娃娃裙原本廉价俗气的性感被20世纪90年代早期的女子摇滚乐队重新定义，如“玩具城宝宝”乐队（Babes in Toyland）的凯特·布杰兰德（Kat Bjelland）和“洞穴”乐队的科特妮·洛芙（Courtney Love）。破洞紧身裤袜、蓬乱的头发和脏兮兮的妆容，娃娃裙在英国品牌密海姆·克希霍夫（Meadham Kirchhoff）的手上变成了充满情趣的服装，展现了一种“善良的妓女”（Kinderwhore）的感觉。丝绸、泡泡袖、蕾丝和花边等娃娃裙的主要元素变成了设计师搭档艾德沃德·密海姆（Edward Meadham）和本杰明·克希霍夫（Benjamin Kirchhoff）的备用品。在他们的2014年春夏系列中，奶油色和米白色的家居服既甜美可人又性感撩人，并用娃娃裙搭配过膝黑袜，以此致敬洛芙。

牛仔裙

一种起源于16世纪的靛蓝色染制棉布（名字来源于斜纹棉布（serge de Nimes））通常与牛仔裤联系在一起，其最初用于美国西部的功能性工作服，而非时尚穿着。在当代时尚秀场上，牛仔布已经成为很多有影响力品牌的设计师们最爱的材质，如品牌缪缪和斯特拉·麦卡特尼，它的实用属性被归入了时髦之列。克莱尔·麦卡德尔是将牛仔布引入时尚主流的第一人，她被公认为是同一时代设计师中最有影响力的一位，同时也是独特的美式休闲服饰美学的主要倡导者。摈弃了繁琐的装饰，麦卡德尔设计了简单剪裁的实用性服饰，同时引入了“单品”（Separates）的概念，即一个小套系囊括各种易搭配的实用单品，其中包括美式经典装束，如衬衫式连衣裙、西装衬衣、紧身连衣裙、无袖连衣裙和高腰裤。为克服1942年美国战时生产委员会规定的战争年代定量配给以及其他各种限制，麦卡德尔展示了一种精妙的设计天赋，即通过把针织布、方格布、条纹布和牛仔布等“简陋的”面料推向高级时装的地位来取代丝绸、羊毛等奢侈材料。当美国时尚杂志《时尚芭莎》提出如何解决在没有保姆的情况下料理家务的问题时，麦卡德尔设计出了“烤松饼裙”（Popover dress）（一种裹身式长裙，带有宽大的口袋，整体是方便穿着的T型，材质为易洗的牛仔布）。她不断推出这种方便、实用服装的改良款，通常使用其他材质以适应更正式的场合。美国设计师拉夫·劳伦和其同名品牌经常将宏大的美式主题融入自己的设计系列中，不论是浪漫化的美国西南部牛仔服和美好年代的妓院风，还用他的2010年春夏系列为大衰退时期的美国风沙侵蚀区献上挽歌。这是一个向牛仔致敬的系列（其具有褪色的、带补丁的和磨损的特质），通过用奢华的材料赋予如背带工装裤和工作衫等传统衣型新的形象，使一种压褶的边饰和饰珠的欧根纱拖地长裙变得看起来像牛仔。英国设计师斯特拉·麦卡特尼的2011年春夏系列采用了利落的剪裁，落肩袖的设计以及双排缝线，以强调其极简的缝纫方式。这种简洁的套穿连衣裙和收腰外衣，让人回忆起克莱尔·麦卡德尔类似的简洁剪裁风格。

左图：斯特拉·麦卡特尼的2011年春夏系列将染成深色的传统靛蓝牛仔布（一种结实的斜纹棉布纺织品，纬纱穿在两条或者更多条的经纱之下，形成斜纹）裁剪成四四方方的宽松长裙。

右页图：在第二次世界大战经济紧缩时期，克莱尔·麦卡德尔的设计酌情选择了“简陋的”面料，如牛仔布、方格布和针织布，除了青年布以外，1942年，她还使用了一种更轻便的牛仔布为汤利·福克斯（Townley Frocks）设计了出席活动的连衣裙。

皮草裙

与魅力、奢侈、独特有着不可分割关系的皮草，已经不止一次地被立法限制使用。从中世纪起，皮草就被限制在上层社会中使用，而更为稀有优质的皮草，例如貂毛和银鼠毛皮则仅供贵族阶级使用。从 7 世纪到 19 世纪晚期，皮草通常被穿在服装的内部，或者将其制作成袖子和领子上的装饰品。直到维多利亚时期，皮草才得以被穿在服装外部，这要归功于皮草大衣的流行。在 20 世纪，皮草被旧式好莱坞所接纳，因此它总是与美丽和明星联系在一起，例如有“银幕妖女”之称的梅·韦斯特（Mae West）和珍·哈露。到了 20 世纪 50 年代，貂皮大衣成为了资产阶级巅峰的代表，但这个观念在由青年领导的 20 世纪 60 年代被抛弃了，当时貂毛已经被其他新兴皮草，例如马驹皮以及蒙古羔羊皮所替代。

为了使品牌更时尚，并改变皮草作为传统地位象征的观念，1965 年，卡尔·拉格菲尔德被任命为意大利品牌芬迪的创意顾问——该品牌最初就是专门从事毛皮和皮革制品生意。为了将产品从传统的制造工艺中解放出来，设计师采用了创新的方式处理毛皮，最后经过处理的毛皮看上去就像是针织面料一样。这种处理方式带来一种伪装的效果，使得处理后的毛皮从视觉上与人造皮草几乎无法区分。

世界范围的动物保护活动以及激烈的反皮草运动，包括美国 1973 年颁布的《濒危物种法》，1975 年的《濒危野生动植物种国际贸易公约》，以及 1975 年为动物争取权利运动的“善待动物组织”（PETA），使得皮草的穿着量急剧下降。当中还包括大卫·贝利（David Bailey）所拍摄的一则广告，画面中一个身穿皮草、趾高气扬地迈着猫步的模特一上台被泼了满身鲜血，随后镜头切到了观众画面，接下来广告中出现没有穿任何服装的模特，声称她们宁愿裸体也不愿穿着动物毛皮制成的服装。然而，由于皮草厂商为服装品牌们在时装秀中的高昂开支提供了一定的赞助，越来越多的设计师们将皮草运用到他们的设计当中。

左页图：20 世纪中期的美国设计师诺曼·诺雷尔（Norman Norell，1900—1972 年）的设计美学特征为简约的奢华，代表战后美国的时尚，这在 1958 年他为其同名品牌（Norman Norell Ltd）所设计的这件使用条状黑色狐狸毛皮装饰的晚礼裙中可以体现出来。

右图：2013/2014 年秋冬，法国奢侈品牌赛琳的设计师菲比·费罗巧妙地运用皮草面料，将其当做梭织面料来进行设计。将皮草制成圆卵造型的裙子，与一件文胸形状的上衣连接在一起，打造成一条惊艳的鸡尾酒连衣裙，带着微妙的暗示色彩。

动物纹印花裙

上图：英国艺术家罗林达·沙普尔斯（Rolinda Sharples，1794—1838年）于1817年绘制的名为《克利夫顿的衣帽间》的画，描绘了医护组在衣帽间为一个晚间娱乐活动做准备的场景。那个时代现役轻骑兵被认为别具魅力，军装元素和军用设备，比如豹皮坐垫套，都能为时尚所用，从中可见画中前景人物穿着的服装。

人类使用动物图案的过程充满了丰富的文化学和人类学联想。早期壁画展示了人类穿着动物皮的画面，猎人之所以如此，不仅是为做一种在狩猎时迷惑猎物的伪装，而且希望通过穿着第二层皮，获得动物身上的某种神秘的力量。不论是猎物还是猎人，时尚界对野兽和爬行动物纹样的迷恋都晚于古代的女神们，从将猫奉为神的埃及人到有传奇色彩的亚马逊人，女猎手们都穿着豹皮。织物上的动物印花在地理大发现时期对远东和非洲进行探索时尤其受欢迎，被认为别具“异域风情”。18世纪末，豹纹在法国流行开来，拿破仑去埃及的探险活动推动了将它们作为装饰品的风潮，引起了人们对古典世界的兴趣。

动物纹印花慢慢地与女性的本性联系起来，成为一种对不可控的、需要被敬重或畏惧的自然力量的隐喻。20世纪50年代，不论是抽象简化还是完全复刻的动物花纹都被用来指代好莱坞荧幕妖妇，代表着蛇蝎美人（Femme fatale）强大又放纵的欲望，她们是追逐声望和财富的现代女猎人。与当代电影女演员，如多丽丝·戴（Doris Day）的“邻家女孩”形象大相径庭，动物纹印花代表的是一种充满诱惑力的银屏女神的大胆吸引力，如艾娃·加德纳（Ava Gardner）和电影演员、芭蕾舞演员贝利塔（Belita），后者与吉恩·凯利（Gene Kelly）一起出演了1956年的电影《心声幻影》（*Invitation to the Dance*），她在其中饰演蛇蝎美人一角。

20世纪60年代，前卫美国设计师鲁迪·杰瑞科（Rudi Gernreich）用猎豹、老虎和长颈鹿三种纹样的套装探索了第二肌肤的概念，即将身体从头到尾用配套的兜帽、连体裤和鞋子包裹起来，只露出模特的眼睛。意大利设计师罗伯特·卡沃利是一个与华丽的野兽和爬行动物纹样印花有着千丝万缕联系的人物，在2000年春夏系列中，他给模特穿上了缩小比例的斑马纹，系着装光宝气的衣领和皮带，并将她们圈在一间刷成斑马纹的房间里。

右页图：本名为罗曼·德·狄多福（Romain de Tirtoff，1892—1990年），但以埃尔泰（Erté）而闻名的设计师、插画师（夸张的戏剧风格和时尚幻想曲的领军人物），他塑造了一个女性形象，有着与她身旁用镶有红宝石链条拴着的猎豹有着相同的捕猎野心。

左页图：奥运会花样滑冰运动员、舞蹈家和电影演员贝利塔（1923—2005 年）摆出狂野食人动物般性感诱惑的姿势，穿着由罗尔夫·热拉尔（Rolf Gerard）为她在吉恩·凯利的电影《心声幻想》（1956 年）中的角色设计的戏服。

右图：这条裙子的廓型灵感源于约翰·辛格·萨金特（John Singer Sargent）为神秘的“X 夫人”（见第 125 页）所作的肖像画，约翰·加利亚诺的 2008 年迪奥春夏高级定制系列在丝硬缎上增加了风格化的豹纹，为了整体视觉效果扩大了裙摆的尺寸。

左图： 这条克里斯汀·迪奥的标志性黑白千鸟格纹连衣裙是2013/2014年秋冬由拉夫·西蒙设计的高级成衣，无肩带的设计以及巧妙的分割线使服装在不打乱格子花纹的情况下保持合体，下身搭配一条不对称的裹裙。

右页图： 为了保持硬度和立体造型，亚历山大·麦昆让千鸟格纹粗花呢违背了其自然的丝缕方向，他以纯熟的斜裁工艺展示了高深的技巧。他设计的这款连衣裙极为合身，这是由于经过斜裁的面料不用考虑经纬纱线的垂直稳定性。而且，它使用了阻力最小的丝缕方向，在重力的影响下，面料的编织网格发生了扭曲。相比之下，这朵巨大的粗花呢花饰则是使用直丝进行裁剪的，这样能够使它较好地保持原有的形态。

千鸟格纹裙

以黑白色斜格子纹构成的千鸟格纹散发出强烈的戏剧性效果，这种纹理也是与克里丝汀·迪奥联系最为密切的一种花纹——这位活跃在 20 世纪中期的高级时装设计师对千鸟格纹异常地痴迷，他的第一款香水“迪奥小姐”的外包装就采用了千鸟格图案。这种图案被认为起源于 19 世纪的苏格兰，并作为一种羊毛织物图案最早出现在牧羊人的服装中(因此，也被称为“牧羊格花纹”)，而千鸟格的叫法，首次出现在 1936 年。

这款独特的面料由四组白线和四组黑线交织而成，第一次崭露头角是作为温莎公爵爱德华殿下的套装面料，那时他还只是威尔士亲王。在 20 世纪 30 年代，千鸟格一直是贵族男装面料的代表花纹，同时这种花纹也在女性运动装中短暂活跃了一段时间，直到迪奥将改进版的千鸟格纹运用在 1948 年夏季的“飞行系列”（Ligne Envoi）中。采用小尺寸千鸟图案的面料制成套装，运用了巴斯尔裙撑塑造出夸张的戏剧性效果，服装中多余的面料被集中在背部，同时突出当时典型的肩部造型。

日本设计师山本耀司用各式各样的千鸟格图案组成了一个完整的千鸟格系列，从裙摆巨大的褶裥舞会礼服到裁剪精良的外套。亚历山大·麦昆秉承 20 世纪 50 年代的经典时装剪裁工艺，并在比例和面料质感上进行创新设计，他将千鸟格图案带入他 2009/2010 年秋冬高级成衣系列，在这个系列中，他用利落的剪裁表达了对 20 世纪时尚界的楷模——迪奥的敬意。麦昆沿着对角线对这棋盘格式的花纹面料进行裁剪，将数张裁片缝制成一条结构型的日装连衣裙，并在颈部装饰华丽的褶边。这位天才设计师还将经典的千鸟格图案转化成为埃舍尔鸟印花图案。

作为巴黎世家的创意总监，尼古拉·盖斯奇埃尔（Nicolas Ghesquière）在 2001 年春夏系列中对千鸟格纹进行演变，推出了放大版红黑相间的千鸟格花纹，并将其运用在经裂纹处理的皮革面料上，制作出一款有插肩袖及彼得潘领的未来风格大衣。在这个系列中，改造过的千鸟格图案还出现在其他地方，例如软粗花呢外套和无袖亮片连衣裙中。

迪奥“新风貌”裙

作为 20 世纪最有影响力的时装系列之一，1947 年推出的“花冠裙”使当时的女性服装廓型发生了巨大的变化，并让克里斯汀·迪奥这个巴黎高级时装设计师的名字家喻户晓。这种裙子的名字来源于植物学术语，用以形容其张开的花瓣状裙摆。这个系列一经推出就立即被美国《时尚芭莎》杂志的时尚编辑卡梅尔·施诺（Carmel Snow）定名为“新风貌”。

尽管在 20 世纪 30 年代末就有不少法国时装系列尝试将夸张的裙撑廓型运用在服装中，但最终因第二次世界大战爆发而被迫中断，直到后来强调女性化特质的新时代的到来，才使得受战争年代制服风格影响的实用主义宽肩服装被取代。在迪奥的自传中，记录了这位高级时装设计师的言论：“我为如花般的美丽女性们设计的服装，拥有圆润的肩部廓型、充满女性味的丰满胸围，以及纤细的腰部，还有下半身那展开的巨摆长裙”。新风貌裙装的推出促成了一股在时装中使用大量面料的风潮（迪奥在此时受到面料商马塞尔·布萨克的资助），同时那个时代存在一种与女性解放相悖的观点，鼓吹女性应该放弃战争时期的工作，回归家庭。虽然在服装上过度使用面料遭到了来自英国政府的谴责（布料配给供应在当时依然受到严格控制），但却依然无法阻止这个系列的服装风靡世界，甚至伊丽莎白和玛格丽特公主都被它所征服。

右图：克里斯汀·迪奥（1905—1957 年）于 1947 年春为其同名的高级时装店所设计的第一个系列，因使用了大量的面料和沙漏型廓型而引起轰动。这个廓型直到 20 世纪 50 年代中期都是女性服装的代表廓型。这种收腰夹克，以其圆润的肩部和用衬垫修饰的臀部代表了新女性化的典范。

右页图：迪奥创意总监拉夫·西蒙将经典沙漏廓型运用于 2013 年春夏高级定制系列中，他将源自束腰套装的装饰短裙片与紧身上衣和铅笔裙结合在一起。

迪奥新风貌系列中最畅销的一款当属定制的收腰套装，它是一款使用钢丝、鲸骨，以及亚麻塑造的具有雕塑感的两件式套装，穿着时在掩盖穿着者身体自然线条的基础上将女性身体廓型夸张化。这件套装中浅色上衣（见第 162 页）的腰部采取了收腰处理，腰围以下部分又渐渐展开，使上衣的下摆围度增大至超过臀围，因此在下半身黑色羊毛褶裙之外塑造出一个类似短裙的造型，并在臀部位置加入衬垫来凸显纤细的腰部。沙漏廓型持续主导着时尚，直至 20 世纪 60 年代中期才被由青年时尚所引导的青春派廓型所取代。

随后入主迪奥工坊的设计师们都纷纷致敬这款 1947 年创作的花冠裙。作为掌舵人的创意总监，极简主义设计师拉夫 · 西蒙为世人呈现了一个将经典精练化的系列，同时将经典的收腰套装进行解构，创作出一款带有张开的硬挺腰部装饰短裙的紧身上衣，搭配一条及膝长的铅笔裙。拉夫 · 西蒙还在该系列中加入了布满花朵装饰的克里诺林裙。

左图：该时装画出自一位知名的高级时装界艺术家，同时也是出自克里斯汀 · 迪奥个人最喜爱的意大利画家瑞内 · 高（René Gruau，1909—2004 年）之笔。作为 20 世纪 50 年代高级时装杂志界的主导人物，他用流畅的线条将属于那个时代的廓型以水彩画的形式呈现出来。

右页图：传奇美女格蕾丝 · 凯丽（Grace Kelly）作为电影《后窗》（*Hitchcock's Rear Window*，1954 年）中的女主角，穿着好莱坞版的迪奥新风貌连衣裙。这条裙子是由戏剧服装设计师伊迪丝 · 海德（Edith Head）所设计的，这位设计师曾称凯丽具有最完美的形象和姿态，丝毫不需要通过服饰进行修饰。

鸡尾酒会裙

20 世纪 50 年代，当规矩和礼节为每一个社交场合制订了具体的着装方式时，鸡尾酒会服达到了它流行的巅峰时期。克里斯汀 · 迪奥在他首次出版于 1954 年的《时尚小辞典》（*Little Dictionary of Fashion*）中评价鸡尾酒会服是一种“精致考究的午后礼服”。他还提醒大家不要错误地穿着鸡尾酒会服参加晚宴，并推荐穿着小露肩或低领口的服装参加晚宴。

鸡尾酒会服在 20 世纪 20 年代开始登上时尚舞台，这种服装适合下午 6 点到 8 点的宴会，作为晚宴前的开胃酒。私人鸡尾酒派对和专门设计的鸡尾酒会厅为其提供了舞台，尽管在 1920 年美国宪法的第十八条修正案中批准美国开始推行禁酒令，这个禁酒令直到 1933 年才被解除。

可可 · 香奈儿的经典小黑裙于 1926 年初次面世（见第 122 页），这种使用真丝双绉或锦缎面料制成的短款鞘型裙为鸡尾酒会提供了着装的范例。帽子和短手套通常做为配件包含在完整的鸡尾酒会着装中。在 20 世纪 30 年代，出现了可以从白天穿到夜晚的多用性服装，在无袖连衣裙外添加一件短夹克或波蕾若外套（Bolero）——这是一种廓型简单的及腹长的短外套，它的前门襟为曲线型，同时配有短袖。连衣裙的裙摆垂至小腿中部，穿在服装内里的斜裁和立体裁剪的管状廓型衬裙更好地强调了女性身体的自然曲线。当中使人痴迷的细节还有特大号的夸张装饰品，包括一种人造珠宝装饰。手套依旧是每个傍晚的必需品，各式各样的帽子则体现了该年代女帽制造业的重要地位。

伴随着 20 世纪 50 年代对礼节的强调，迪奥和其他高级时装设计师，包括巴黎的杰奎斯 · 菲斯、伦敦的诺曼 · 哈特内尔和美国的高级成衣设计师诺曼 · 诺雷尔以及波林 · 崔吉尔（Pauline Trigè re），他们通过具体的市场营销策略，推广了鸡尾酒会礼服的概念。虽然对鸡尾酒会礼服的设计持续到了 20 世纪 60 年代初，但鸡尾酒会却被新一代的青年设计师们认为是古怪和过时的。女性们不再像过去那样每天更换几次服装，鸡尾酒会也被嬉皮士们的“偶发派对”所取代。直到 20 世纪 80 年代，在罗纳德 · 里根（Ronald Reagan）总统任期内，正式着装的回归才使得鸡尾酒会礼服再次出现。

左图：作为 20 世纪 80 年代高级时装设计师们为纽约上层社会所精选的款式，这件出自伊曼纽尔 · 昂加洛 (1933—) 的“新巴洛克”系列的鸡尾酒会礼服刻意夸张的肩部、合体紧身的裹裙，以及拥有活力色调的真丝提花面料，完整体现了设计师的理念。

右页图：长及小腿中部的裙摆和装饰性的领口是 20 世纪 50 年代鸡尾酒会礼服的一个显著特点。由扇形裁片、荷叶边和蝴蝶结来强调设计重点。鸡尾酒会服适合在傍晚举行的非正式社交场合中穿着，在这种场合中，男士要穿西装，而不是晚礼服。

左图：带着她特有的任性，川久保玲在1997年为品牌“像男孩一样”设计的这款连衣裙，出自于春夏系列“裙子遇见身体，身体遇见裙子，它们是一体”，使用了家纺格子面料来遮蔽服装中畸形的填充物以及外部弧形凸起部分。

方格纹连衣裙

由于格子布有着地道美国式健康且朴素的内涵，许多 20 世纪中期的美国时装利用格子布，以一种浪漫的方式向当时的沙文主义先锋精神致敬。这种纺织品起源于马来西亚、印度尼西亚和印度，其名字来自马来西亚文“Genggang”，意思是“条纹”，在 17 世纪时被出口到欧洲，18 世纪时被出口到美国。阿德里安，这位米高梅公司的知名服装设计师，为 1940 年的电影《费城故事》（*The Philadelphia Story*）中的凯瑟琳 · 赫本（Katharine Hepburn）创作了一条方格纹连衣裙，使得这种平凡的织物第一次占据上了时尚地位。1942 年，这位好莱坞时装设计师又设计了一系列方格纹女装，运用了美国国旗的颜色：红色、白色和蓝色，而不是方格纹布料惯用的粉红色和淡蓝色。第二次世界大战之后，格子布走向了家庭生活，并被制作成长款衬衫裙。方格纹布料是由两种同样大小的条纹交织而成，是由预染纱织造而成的，没有正反面之分，因此对于家庭缝制来说，它是一种相当经济实惠的材料。露西尔 · 鲍尔穿着方格纹连衣裙在广受欢迎的电视情景剧《我爱露西》中扮演一个傻乎乎的主妇，格子布代表她对成为一个完美主妇的愿望。

因饰演电影《现代豪放女》（*And God Created Woman*，1960 年）中的角色而知名的法国性感代表和电影明星碧姬 · 芭铎（Brigitte Bardot），于 1959 年在她与贾奎林 · 夏理尔（Jacques Charrier）的婚礼中使用了微型方格纹面料。由贾可 · 埃斯泰雷（Jacques Esterel）设计的端庄及地长裙，使用英格兰刺绣修饰紧身衣，突显了芭铎的傲人曲线，把这种面料原本的实用性远远抛在了身后。20 世纪 60 年代精品店的代表彼芭（Biba）品牌的主理人芭芭拉 · 胡兰尼姬（Barbara Hulanicki）销售粉红色无袖方格纹连衣裙，同时搭售芭铎风格方巾，为这款面料带来了一丝青春的气息。她收到了 17000 份订单，巩固了这个品牌青春、新颖的风格。

日本设计师川久保玲通过品牌 Comme des Garçons（“像男孩一样”），颠覆了格子布甜美的形象（1997 年春夏系列）。这个名为“裙子遇见身体，身体遇见裙子，它们是一体”的系列，更常被人称作“疙瘩与肿块”系列。该系列服装在意想不到的地方采用了填充、垫料的方式，使人的形体看上去歪曲变形。同时，巨大的方形格纹图案强调了这种变形效果，更加深了不规则感。

左图： 在备受欢迎的 20 世纪 50 年代的电视情景剧《我爱露西》中，女演员露西尔 · 鲍尔仔细地揣摩了她在荧幕中的人物形象（私底下的她是一个成功的企业家），最终用红白相间的方格纹连衣裙将自己打扮成傻乎乎的家庭主妇。

针织裙

针编制品的特质为服装提供了另一种更加柔软和飘逸的材料。香奈儿创新地使用针织面料制作了三件套开襟毛线衫，但是在20世纪30年代以前，针织品一般用于毛衣和裙子，那时候合身再次成为20年代遮盖身材曲线之后最重要的流行趋势指标。针织服装刚好填补了1930年代好莱坞式时尚和越来越多职业女性选择穿着的日常西服之间的空白。制造商迅速回应了新型休闲服装的市场需求，将他们的生产投入从内衣转移到外衣上，“Knitwear”（针织服装）也替代了原来的旧词“Hosiery”（针织内衣），成为一个专有名词。

20世纪50年代，毛衣裙是好莱坞明星们穿着的紧身毛衣的加长版，勾勒出了身材的每一根曲线。由纽约的海蒂·卡内基（Hattie Carnegie）等成衣设计师制作的毛衣裙几乎成为每一个女性衣柜里的必备款式，通常带有充分利用针织面料易变特质的设计细节：船型领、露肩领和大圆领。

灵感来自设计师迪奥和巴伦夏加的时尚剪裁紧身裙，在采用针织面料材质后变成了更宽松的版型，通常需要在腰部配上腰带。变形纱，尤其是珠皮呢，其因密实的结构和容易定型的特质而倍受偏爱。当服装设计公司意识到成衣的商用价值时，针织服装开始盛行起来，并很快有了自己的设计流程，也被赋予了所有高级时装标志性的设计细节。

20世纪60年代，当代设计师们发掘了它的多功能性，当他们使用针织编法展示欧普和波普艺术花纹之后，针织服装不再是时尚衣橱的附属品，转而成为主打。英国设计师杰夫·班克斯（Jeff Banks）是20世纪60年代精品服装店“Clobber”的所有者，他为当时年轻貌美的摩登女孩设计了透明钩针编织裙。法国品牌“Doroth ée Bis”也用蕾丝针编和柔和的色彩重新演绎了那个时代的洋娃娃罩衫。索尼亚·里基尔（Sonia Rykiel）因其在1964年以黑色为底并与其他特别的颜色搭配，创造出彩色条纹而被冠以“针织皇后”的美誉。威尔士的设计师朱利安·麦克唐纳德（Julien Macdonald）演示了如何把针织服装与优雅魅力结合起来。他用大量的尼龙丝线作为原材料，以近乎裸露的网状结构重新定义了针织裙，推出了他精彩的服装设计。

上图：索尼亚·里基尔（1953—）20世纪60年代的针织服装设计展现了青春和现代形象。从这条2000年的针织裙可看出，她通过把袖口位置提高以及更贴合人体的袖型，来塑造一个轮廓鲜明的款型。

右页图：美国设计师和高端成衣零售商海蒂·卡内基（1880—1956年）很快察觉到针织连衣裙在第一次世界大战期间成为职场女性（穿晚礼服的她们也充满魅力）衣柜必备单品之一的潜质。

左页图：从在1941年所发布的第一个时装系列起，克莱尔·麦卡德尔与她在欧洲的竞争者香奈儿一样，为当时的现代女性创作了经典实用的时尚，如这种全扣式衬衫裙，综合了她标志性的少女裙和未经熨烫的褶皱的特点。

衬衫裙

上图：这件精工细作的驼色衬衫裙是由美国设计师帕特·艾希礼（Pat Ashley）设计的，他自1972年起出任约翰·迈耶（John Meyer）品牌的设计副总监。这款裙子展示了所有当时流行的设计细节：贴袋，在袖口周围以及领翼缉缝双排明线。

20世纪初，以实用性和通用性为特色，男士风格的女式衬衫和裙子相结合而演化成为衬衫裙，“腰身”则是连衣裙的紧身上衣或女衬衫的基本要素。和男士衬衫一样，它具有立领，前中心有一排纽扣以及带袖克夫的袖子。它由易清洁的白色亚麻布或棉布制成，下半身为喇叭型或百褶型裙，成为日益增多的职场女性的选择。这种服装还使得妇女们在刚刚兴起的体育运动，如网球、马术和高尔夫球等运动中，获得更多的运动自由。

与之相对的是，在20世纪50年代期间，二战危机之后家庭生活占据了重要地位，衬衫裙则是家庭主妇的象征。克里斯汀·迪奥在1947年设计了具有影响力的“新风貌”，提出了衬衫裙代表理想中的女性化概念。这个概念通过杂志以及其他出版物的报道变得更具说服力，例如《好管家》杂志和美国设计师安妮·福加蒂（Anne Fogarty，1919—1980年）在1959年出版的著作《衣着得体的贤妻》（*The Art of Being a Well-Dressed Wife*）。广告商则以穿着衬衫的女性为着眼点来进行本国产品的促销，如家电、洗发水和食品。虽然女士衬衫中还保留大多男性衬衫的特征（衬衫领和在前中心系扣），但它们还结合了柔和圆肩的肩线、收腰和宽松的下裙，以及附加褶皱和口袋等装饰。

20世纪70年代，经典衬衫裙再次重掌话语权，那时衬衫裙出现在职业女性的衣柜中而不是家庭主妇的衣柜。美国设计师戴安娜·冯·芙丝汀宝身着一件宽松的印花系扣衬衫裙登上1976年新闻周报（*Newsweek*）的封面，这也是她标志性围裹裙的前身。这款连衣裙保持了10年来瘦长的廓型，通过窄化袖子和下半身，以及通过抬高袖窿来拉长上身比例，使整件服装看起来更具有流线感。美国设计师、时尚简约主义者候司顿（Halston）也设计出了属于自己的畅销款式，他的版本是采用麂皮制成衬衫裙，这是一种耐洗抗皱的合成材料。

系带裙

通过系带来维持适用性和功能性的连衣裙是一种回归简约形式的范例，这种款式的吸引力在于简单朴素，且穿着便捷。系带连衣裙的主要代表当属美国 20 世纪中期高档成衣的先锋设计师克莱尔·麦卡德尔和邦尼·卡欣。这两位设计师都在柔软、轻便的面料，如羊毛针织物上尝试绑带及围裹款式的设计，重新以现代时装及顶尖运动服的形式诠释了系带连衣裙，同时还免去了试衣的需要。

系带服装的绑带有从窄到宽的变化，可以绕过脖子或者腰部及臀部，以通过个性化的调节使服装合体。这项技术因麦卡德尔在“连体泳装”上的实验而闻名。这款服装是由矩形的印花棉布制成的，通过绑带使之更为合体及结构化。麦卡德尔还于 1944 年设计了一款真丝连衣裙，这条裙子的上身部分由两片三角形面料构成，它们在脖子后面扣住，形成一个简单的露背装，同时将剩余的系带绕到身体前面，绑成一个蝴蝶结。邦尼·卡欣在参考了西方以外的裁剪技巧后，运用了日本浴衣和日常和服的宽松外衣结构，用奢华的有机材料，如皮革、山羊皮和马海毛做成一种尺寸适合日常穿着的功能性服装。

这些有着明显美国特点的早期时尚先锋是成功的，包括奉行极简风格的候司顿。他在一片式的裁片基础上利用了打结、绑带和围裹等手法设计出了合体的服装。其中包括土耳其式长衫和他 1975 年设计的裹胸式宽松礼服，这条裙子只使用了一块完整幅宽的真丝面料，通过在胸部打结的方式制作而成。

出生于韩国的当代设计师珍·于（Jean Yu）在她的设计中传承了麦卡德尔的设计理念，创造了看似简单的作品。在对面料进行极少的裁剪之后，通过折叠、塔克或收褶的手法进行塑型，最后以罗缎丝带进行装饰，她的作品使人联想到维奥奈和格雷斯夫人。绑带和抽绳可以改变服装的结构，使裙子的体量发生变化，进而改变廓型。这项技术在 20 世纪 90 年代末期被古巴裔纽约设计师伊莎贝尔·托莱多（Isabel Toledo）运用到了作品中，她使用针织及塔夫面料创作了充满雕塑感的不规则“悬挂式”连衣裙。

左页图： 美国设计师克莱尔·麦卡德尔（1905—1958年）始终坚持自己的实践美学图为她穿着自己设计的礼服的照片。她坚信晚礼服不仅要使人显得更漂亮，也要像日常服装一样舒适耐穿。裙子的系带方便穿着者自行调节领口的高低。

右图： 出生于韩国的纽约设计师珍·于将飘逸的真丝雪纺以多层重叠的形式运用在服装中，将两边侧缝缝合在一起之前先塑造气泡形的下摆。其中前片上衣身通过腰部的丝带固定，这是她标志性的手法。

露肩礼服裙

露肩礼服首次出现在20世纪30年代，其大胆地裸露出肩膀，同时没有明显的支撑细节，在当时，这种设计在晚礼服中被设计师们严格限制。据说设计师曼波谢尔在1934年创作了历史上第一件露肩礼服。他依靠一个可塑型性的内部结构，将紧身上衣固定在符合人体曲线的位置，使得露肩礼服在身体的自然曲线上创造出一种独立的雕塑感。

作为电影史上最著名的着装之一，演员丽塔·海华斯（Rita Hayworth）在1945年的电影《吉尔达》（*Gilda*）中穿的无肩带黑色礼服，彰显了性感迷人的魅力。这件服装中包含了一个不易穿脱的紧身上衣，当女演员在剧中唱着歌曲“Put the Blame on Mame”时，由于衣服紧紧地包裹住演员的身体，身体的摆动使她曲线毕露。过肘的长手套是这场歌曲表演的重要元素。自17世纪中叶开始，手套的长度增加了，用于遮挡由于袖子的缩短而露出的手臂。

20世纪50年代，裸肩的设计变得越来越流行，与歌女的装扮不同的是，这种设计更多的是与优雅的高级时装和战后浪漫的女性化理想所联系在一起。巴黎的高级时装设计师们，如克里斯汀·迪奥和杰奎斯·菲斯不仅为正式的晚宴场合设计了无肩带晚礼服，而且还将其引入到鸡尾酒舞会场合的时装设计中。由于在礼服的胸部位置使用了包含鲸骨、钢圈以及胸垫在内的装置以支撑胸部的造型，礼服裙的上身部分则依据胸部的轮廓，将领口线裁剪成一个桃心的形状，或者直接裁剪成水平线。这种结构性的舞会礼服在20世纪80年代经历了一次变革，随后重新回到高级时装的舞台。美国的服装品牌奥斯卡·德拉伦格和欧洲的伊曼纽尔·温加罗，以及克里斯汀·拉克鲁瓦都推出了这种适合于重要场合穿着的服装，即将露肩的紧身上衣与下半身丰满、充盈，且饰有荷叶边的长裙相结合。在现代风格中，无肩带礼服仍然是红地毯上最受女星们喜爱的风格，但是现代材料的运用已能使塑身衣完美地与服装相融合，此时时装设计师们经常会在腰线上下一些工夫，以展现从上到下的流线型公主线。无肩带礼服也是婚纱礼服设计中最主要的款式之一。

左页图：这张照片体现了好莱坞魅力以及20世纪中期对丰腴之躯的迷恋（1953年《花花公子》杂志的创刊代表了对丰满的认同）。出演查尔斯·维多（Charles Vidor）执导的电影《吉尔达》的丽塔·海华斯所饰演的同名女主角展现了一个性感的女性典范。

上图：始创于1959年的意大利长盛不衰的奢侈品牌华伦天奴，对于红色有着特殊的情怀（也被称为“华伦天奴红”），这个颜色也被接任该品牌的设计师亚历山娜·法奇雷蒂（Alessandra Facchinetti）所沿用，应用在这款2011/2012年秋冬迷人的直筒廓型露肩礼服裙中。

金色礼服裙

自从黄金于约公元前 5500 年首次在中东地区被发现以来，这种闪闪发光的物体就一直与财富、地位、仪式、向往和权力联系在一起。纵观整个时尚史，黄金总是象征着特权和王权，在古埃及、希腊和拜占庭时期的长袍中，已经把金线加入到面料的织造工艺中，黄金纺织品也成为帝国辉煌的一种象征。黄金先是被加工成金丝缕，然后以蚕丝或其他丝线作为轴心进行缠绕（通常以此突显出主纤维的颜色，从而增强装饰的视觉冲击力）。这种从意大利出口至欧洲各地的黄金制成的面料，在 14 世纪到 17 世纪一直被王室或贵族们所独享。1520 年，当亨利八世（Henry VIII）会见他的对手弗朗西斯一世（Francis I）时，由于奢华的质感和闪闪发光的服装及宫殿，会面的地点被描述为“黄金之海”（Field of the Cloth of Gold）。

随着金色金属纤维的面世，使得金色的时装变得大众化。金属丝织物（将蚕丝线与金属线交织而成的纺线制成的织物）于 1922 年初次面世。1946 年，多比克（Dobeckmun）公司生产了第一款商标名称为卢勒克斯（Lurex）的现代金属纤维。金属纺织品，不论是银的还是金的，都在 20 世纪 20 年代流行起来。保罗 · 波烈在 1923 年推出了他的晚礼服“Irudr é e”，这也是结构简洁和表面金属化的现代主义设计的标志性作品。由好莱坞戏剧服装设计师威廉 · 特拉维拉（William Travilla）为玛丽莲 · 梦露 1953 年的电影《绅士爱美人》所设计的那件金色镭射褶裥礼服，仅使用了一种面料制作而成。由于过于性感，这套服装仅仅在电影中出现了几秒钟的时间，并且只露出了背面：原因是这套服装没有安装拉链，演员在穿着时只能被缝进礼服中。1953 年，在电影故事奖的颁奖典礼之上，梦露再次穿上了这件礼服，会场由此引发了一场骚动。

黄金织物的时尚趋势偶尔会因某些事件而引发，例如 1922 年少年法老图坦卡蒙的坟墓被发现，或者受某次展览所影响。 2005 年，在洛杉矶艺术博物馆举办了一场引起轰动的展览，展出了维也纳分离派艺术家古斯塔夫 · 克利姆特（Gustav Klimt）的 5 幅 20 世纪早期的绘画作品。此次展览影响了许多设计师，包括为 Burberry Prorsum 公司设计短金属连衣裙而闻名的克里斯托弗 · 贝利，以及设计闪亮直筒裙的马克 · 雅可布（Marc Jacobs）和古驰。

左图：尽管参考了文艺复兴时期的环形裙撑（一种香肠造型的衬垫，使得裙子在臀部处变宽），1923 年保罗 · 波烈设计的“Irudr é e”晚礼服，其臀部周围的管状卷筒还是展现出现代的简约气息。

右页图：由威廉 · 特拉维拉设计的金色晚礼服的灵感来自古埃及的打褶卡拉西利斯短裙，玛丽莲 · 梦露仅在电影《绅士爱美人》（1953 年）中短暂穿过（电影审核员认为其过于暴露而被删减）。

蝴蝶纹样裙

蝴蝶短暂的美丽象征着对某些事物存在的一种讽刺。它的图案不仅令人感叹大自然造物的神奇，而且还是蜕变和形变的象征，这都归因于其从卵到幼虫，再到蛹，最后到长出翅膀的蝴蝶这一短暂却又不同寻常的进化过程。在许多传统文化中，蝴蝶是灵魂的象征。在中国的符号系统中，它代表不朽；对于日本人来说，一只白色的蝴蝶代表了离去的灵魂；在希腊神话中，赛克（Psyche，翻译成中文的意思是“灵魂”）就是通过蝴蝶的形式和它不朽的属性表现出来的。

作为类比，与蝴蝶相关的含义是从一个状态或角度转向另一种状态的能力，这对超现实主义者来说是一种精神上的吸引，他们将其视为蜕变，甚至死亡的象征。作为超现实主义者的拥趸，艾尔莎·夏帕瑞丽经常将蝴蝶运用到她的作品中，用来表现美丽生于平凡，腐朽可以化为神奇。将各种昆虫制成装饰品的高度写实主义经常激发出令人不安的感受，但是虽然有听说过飞蛾恐惧症（恐蛾症），却没有听说过任何描述害怕蝴蝶的词语。昆虫似乎大多是因它们翅膀的颜色和有序的图案而获得欣赏。

带有装饰的柔软面料，例如色丁缎及真丝薄纱，为蝴蝶图案刺绣、表面贴花或激光切割图案提供了浮动的背景，给人的印象像是蝴蝶刚好飞落在了面料上，有下一刻就会飞走的感觉。蝴蝶图像可以具象地转换为印花图案，也可以是四方连续的重复图案，或者是为某件衣服专门打造的适合纹样。还有设计师通过分层和点缀的方式将翅膀的图案演化为一种闪烁或抽象的图案效果。

昆虫的各个部位有时被解构成各种元素，并被用于服装设计中，例如昆虫的胸部为紧身上衣的创作带去了灵感，扭动的翅膀被腰饰短裙或强调肩膀的廓型所模仿。女装设计师查尔斯·詹姆斯在 1955 年创作出了著名的蝴蝶连衣裙，其侧面的华丽设计即参考了昆虫的翅膀，而紧身的效果则模仿了蝶蛹的形态。

左页图：这款使用灰色真丝雪纺以及缎纹面料打造的蝴蝶状舞会礼服是 1855 年由美国高级时装设计查尔斯·詹姆斯（1906—1978 年）所创作的，这款受维多利亚风格裙撑影响的仿生紧身裙呈现出一个蛹的造型，搭配薄纱制成的裙摆，看上去就像是蛹刚成型的翅膀。

左图：以独特的审美而闻名，艾尔莎·夏帕瑞丽在其整个职业生涯中都以大胆运用非正统的图像为特色。1937 年，她创作了这款晚礼服拖地长裙，上面印满了蝴蝶图案（形变和死亡的超现实主义象征）。该设计还有一把遮阳伞与其配套。

郁金香型裙

倒置郁金香型连衣裙的设计是为了在感官上突出人体线条，用骨撑和缝线来包裹胸部以下至臀部的身体部位，模仿郁金香起伏的花茎，最后绽放成栩栩如生的郁金香花瓣。

纽约女装设计师查尔斯 · 詹姆斯设计礼服时，采用结构挺括细密的面料，如有光泽的硬丝缎、罗锦缎或塔夫绸，体现出他为人所称道的精致设计。在克里斯汀 · 迪奥时期的作品中，詹姆斯使用了坚固的底层结构，以支撑和贴合身体曲线的复杂接缝，他用艺术性的立体剪裁和大量布料创造了宛如雕塑的轮廓。在 1947—1954 年设计鼎盛时期，詹姆斯设计的晚礼服完美地契合了中世纪社交生活对正式性的要求以及时尚精英们的期望。

设计师在膝盖处留出的松量由倒郁金香裙中小心收拢于衣褶下的垫料所支撑。模特慵懒的线条（她摆出的姿势被称为“迪奥式慵懒”，那个时代模特采用的时尚 C 曲线姿势，即臀部向前，肩背下凹）强调了礼服的线条，突出笔直的上腹处的设计与荷叶边装饰的深 V 型衣领的反差，也展现了肩带的角度。

好莱坞服装供应商经常为走红地毯的明星定制服装，派拉蒙电影公司（Paramount Studios）的首席服装设计师伊迪丝 · 海德（Edith Head，其职业生涯跨越近半个世纪）为电影女星雪莉 · 麦克雷恩（Shirley MacLaine）出席奥斯卡颁奖典礼创作了一件倒郁金香型连衣裙。其中麦克雷恩因 1959 年出演《魂断情天》（*Some Came Running*）的角色而获提名。这件礼服的轮廓与詹姆斯设计的那件很相似，但不够合身，或者说它欠缺了詹姆斯巧作中的完美比例。采用棕色硬丝缎材质，这件塑型紧身衣慢慢绽放成倒置的郁金香裙，从臀部下方开始呈波浪状展开，最后用未熨的箱型褶裥收边。

上图： 清纯的女演员雪莉 · 麦克雷恩穿着一件由好莱坞服装师伊迪丝 · 海德设计的礼服，这条裙子是在电影公司制作而成，而非服装设计师工作室。这件 1959 年的郁金香型礼服是对詹姆斯作品的粗略复制。

右页图： 在一个崭新和奇异造型同时征服了设计师和时尚媒体的时代，出生于英国而在美国发展的女装设计师查尔斯 · 詹姆斯，一位造型艺术大师和娴熟的剪裁大师，于 1950 年推出了郁金香型裙。

梯型裙

1958 年，伊夫 · 圣 · 洛朗在其担任克里斯汀 · 迪奥高级定制工作室创意总监期间的第一个系列中推出了梯型连衣裙，这是一种夸张版本的 A 字裙，最初由他的导师在 1955 年的春季系列中展出。

在“新风貌”系列取得成功之后，迪奥推出了几个特定主题的系列，包括基于字母 H、A 和 Y 的设计系列，A 字系列是一种用挺括面料定型的窄肩及臀夹克，套在百褶裙外。由圣 · 洛朗设计的梯型连衣裙也依靠窄肩形成特定的轮廓，但线条持续延伸至及膝长的裙摆。梯型连衣裙的所有细节都体现在领口，不论是特大衣领，还是为了与裙摆宽度保持平衡而直接裁剪成同肩宽一致的水平衣领。日间连衣裙以超大的面布或缎带蝴蝶结为特色，末端可自由垂落到臀围线上。垂直造型的接缝线从肩部延展至裙底，口袋安置在一个特定的角度，为整体轮廓增添了轻松的时髦感。

20 世纪 50 年代的日间正装需要搭配手套，因为那时的连衣裙要么是无袖，要么袖口在肘部上方。圣 · 洛朗还将梯形线条使用在一种叫“L’ El é phant blanc”的短款晚礼服中，该礼服采用银白色亮片薄纱，尽管它仍装有鱼骨胸衣，但形成了一个更柔和的轮廓。巴黎女装设计师纪梵希和美国设计师奥列格 · 卡西尼调整了梯形轮廓，设计出一种更优雅的 A 字廓型，受到第一夫人杰奎琳 · 肯尼迪的欢迎。她喜欢朴素、无袖和贴身的风格，同时要具备某个关键性特征，如一对超大布艺纽扣或一个扁平的蝴蝶结。这种连衣裙可以与短款夹克，或七分袖上衣和低跟舞鞋搭配。

在 20 世纪 60 年代，梯型廓型演化成帐篷式连衣裙，源于一种“上身合身，下身宽松”（Fit and flare）的纸样剪裁技术，这种技术将胸部的省道关闭，形成一个从肩部开始的圆形阔口，在下摆处提供松量，而合体上衣不做变化。这种自由而舒适的风格吸引了年轻顾客，这类裙通常带圆角袖口，裙摆到大腿中部。

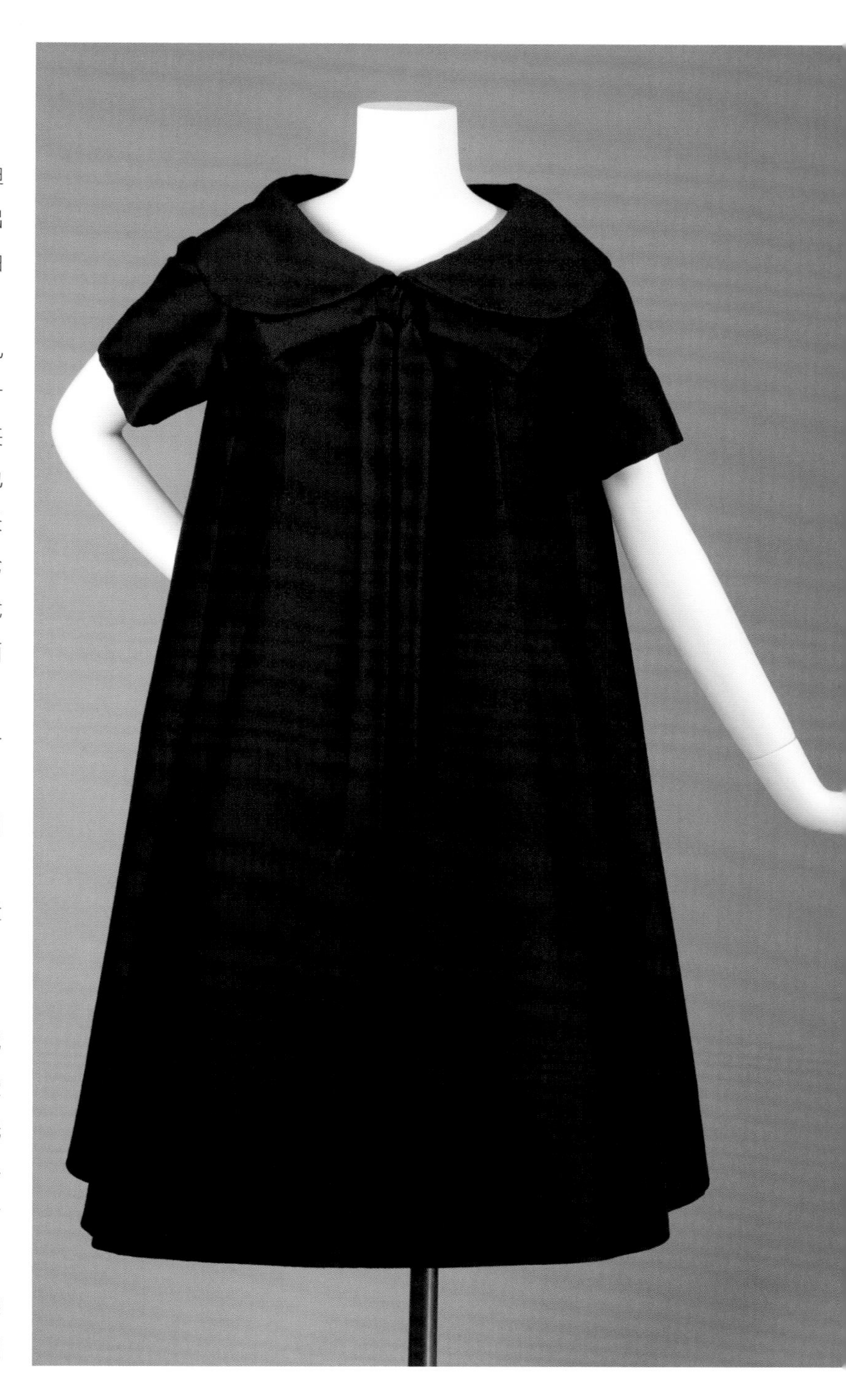

左页图：圣 · 洛朗为迪奥 1958 年春夏系列设计的开创性梯型连衣裙“L’ El é phant blanc”。这条锥形宽边裙下面设置有坚固的支撑结构，其上覆盖着层层白色网纱，上面绣着银线、水钻和亮片。

上图：这是圣 · 洛朗在 1958 年为迪奥设计的首个系列中的马海毛梯型便宴服。他出人意料地没有延续迪奥的经典款式，同时摒弃了迪奥工作室惯用的衬垫和裙架。

花瓣裙

克里斯汀·迪奥为他 1947 年的传奇系列命名为“花冠”，这个词语用来指代聚集的花瓣（鲜花色彩最艳丽和芬芳诱人的边叶部分）。这位设计师持续不断地将花卉意象融入到他的设计作品中，如将服装轮廓设计成花朵，“新风貌”系列（见第 162 页）中的郁金香型连衣裙，以及使用植物类装饰。

作为战后奢侈品回归的代表，迪奥的拖地长裙“朱诺裙”（Junon dress，以罗马女神朱诺命名，也是希腊神话里的赫拉）共有 45 层棉薄纱，装饰的亮片呈渐变的色调，从浅绿和浅蓝到祖母绿和藏青色。裙子从固定好的薄纱腰带处开始延展，镶嵌亮片的紧身上衣形成花朵的聚焦中心，即植物学所称的子房。以孔雀为灵感的羽翼设计代表重叠的花瓣，通过色彩斑斓的亮片装点，暗指奥林匹亚女王与孔雀的关联性。

约翰·加利亚诺为克里斯汀·迪奥 2008/2009 年秋冬高级定制系列重新设计了“朱诺裙”，他将羽毛状花瓣散布在波浪状起伏的裙摆表面，既保留了迪奥“新风貌”经典的细腰轮廓，又延续了工作室 60 年前确立的奢华审美风格。以灰色丝绸为底，每一片装饰花瓣都均匀地从淡紫色过渡到蓝色，同时在尺寸上不断缩小，以适应不对称的扇形紧身上衣。

罗马女装设计师罗贝多·卡普奇将设计看作是一种建筑形式，用线条、色彩、纹理和体量根据身体进行结构建造。卡普奇的主要灵感来源于自然形态，曲线参照了波澜起伏的花瓣，并使用挺括的褶裥丝绸或是性感的压褶塔夫绸做成含苞待放的玫瑰花蕾。

瓦伦蒂诺·加拉瓦尼是时尚舞台上的魅力之王，也是富豪、皇室和好莱坞精英们的最爱。为了庆祝担任意大利时尚品牌华伦天奴负责人 45 周年，他利用工作室的专业技术创造了一种“纸页”（Pages）效果，即由欧根纱做成的层叠花瓣在裙摆边缘或斗篷的肩部飘动。克里斯托弗·凯恩 2014/2015 年秋冬系列也打造了类似的效果，即由 50 片欧根纱制成的花瓣，浅粉色镶黑边和黑色镶白边，宛如在微风中迅速翻动的书页，以此向罗贝多·卡普奇在形式和结构上的探索致敬。

上图：约翰·加利亚诺在迪奥 2008/2009 年秋冬高定系列中对原创款的修改包括将“朱诺裙”进行重新设计。加利亚诺通过设计一个以黑色为主体色的闪亮固状欧根纱造型，上面点缀花瓣式孔雀羽毛的镶嵌刺绣，创造出一种光怪陆离的意境。

右页图：罗贝多·卡普奇技艺精湛，用丰富的色彩创造出奇妙的异国情调折皱花卉裙。无肩带的甜美紧身上衣造型与花瓣样式的腰部装饰裙和谐地结合在一起。

后跨页图：左页为迪奥 1949 年的“朱诺裙”侧面图，尽显羽毛的色调，其富有异国情调的羽毛拖尾隐晦地传达出与神话中孔雀的联系，也可被解读为超大的花瓣。如瀑布般垂下的花朵通过增加每层下摆处的镶珠卷边来提升分量。右页图为约翰·加利亚诺 2005 年为迪奥高级定制系列设计的浅粉色薄纱连衣裙，呈现一朵玫瑰的花心状。让每一层的边缘保持原始和自然的状态，是对爱德华时代的富饶和女性气质的一种致敬。

左图：这件红色真丝外套像是由一张巨型的玻璃纸围裹而成，类似复活节彩蛋，廓型呈球状，利用蝴蝶结装饰。这是迪奥时装工作室于 1956 年出品的，通过一系列处理方法由薄纱、罗缎、马毛和帆布打造而成。采用了斜裁的手法，为后腰部提供了柔软褶皱。

右页图：大约在 1987 年，法国设计师克里斯汀拉 · 克鲁瓦在时尚潮流中掀起了一股叛逆的风潮。他将厨师的帽子转化为一条褶裥短裙，搭配绗缝的柠檬色缎子下摆，再与一件花斑皮紧身女胸衣连在一起，设计师奇思妙想的程度是显而易见的。

泡泡裙

在巴黎自称为高级定制时装中心和时尚魅力的象征的年代，各式各样的廓型快速更新，克里斯汀·迪奥是其中的领军人物。从开创“新风貌”到他 1957 年去世的这 10 年间，迪奥从未停止探索新方向。他不断对时尚廓型进行改革，包括他创造出的纺锤型、A 型、之字型，以及 1956 年的泡泡连衣裙。

这种蓬松的造型曾在皮尔·卡丹和赫伯特·德·纪梵希的设计中出现过，到 20 世纪 50 年代末，已然成为鸡尾酒宴会上的一个热门选择。泡泡裙的特征是借助内部结构使裙子向外蓬起，裙边在膝盖之下收拢。这种坚挺而有建筑意味的造型通常没有肩带，上下形成鲜明的对应，通常用不易变形的面料制作，如硬丝缎或云纹绸。

在 20 世纪 60 年代末和 70 年代，由于由年轻人主导的成衣市场的出现，以及米兰的影响力日增，高级定制不再是时尚主流。然而，随着 80 年代的消费热潮和对重大场合服装的需求增加，时尚精英们再次拥护起已经没落了的欧洲高定服装，这股复兴潮一部分要归功于克里斯汀·拉克鲁瓦的出现。他在让·巴杜的高定时装屋效力期间，于 1986 年推出了个人风格的泡泡裙。他倡议改变那个时期的尖肩设计风格，摒弃权利着装的服装要素，转而倡导浪漫复兴主义的概念。泡泡裙这种结构化和建筑化的廓型及其相对应的内部结构不再被认为是切实可行的，现代高级定制服装已经从比例和面料上对泡泡裙进行了解构。

2013 年，拉夫·西蒙作为迪奥的创意总监推出的第一个设计系列取材于过去的时尚史。以极简主义风格著称的他将泡泡裙当成是展示刺绣和贴花的茧壳，并将裙摆边缘微微内收。缪缪（Miu Miu）的做法则带着反讽，而非致敬。在其 2012 年的度假系列中，缪西娅·普拉达以 20 世纪 80 年代为主题来设计泡泡裙，服装带有埃及风格印花和诙谐的不恭。

左图：1961 年，阿诺德·斯嘉锡（Arnold Scaasi）用细长束带蝴蝶结将一条圆点印花泡泡裙的腰部收紧，外面套上一件宽大的红色丝质斗篷。连衣裙的紧身上衣仍沿用无肩带设计，如同一只被紧紧握住的纸袋。

右图： 拉夫·西蒙的迪奥首秀，2013 年春夏高级定制系列的主题是田园牧歌，彰显工作室在制作花朵刺绣时对把握细节部分的精湛技巧。这件半透明的泡泡连衣裙契合了它的名字，万花“盛开”的丝绸围绕着人体微微地膨胀。

左图： 对于其同名副线品牌“维多利亚”，英国设计师维多利亚·贝克汉姆去掉了小黑裙固有的成熟属性，搭配白色的彼得潘领和配套袖克夫，增添了一份文雅之气 。

右页左图： 凯瑟琳·德纳芙（Satherine Deneuve）在路易斯·布努埃尔执导的电影《白日美人》（1967 年）中扮演芙丽娜·希瑞兹。在照顾丈夫的这一情节中，她穿着女仆制服，展现出了她卑微的一面，却充满诱惑色彩。

右页右图： 作为 20 世纪 20 年代波西米亚风潮的一部分，波兰出生的艺术家塔马拉·德·莱姆皮卡（Tamara de Lempicka，1898—1980 年）在她自由、独立和大胆的“新女性”形象塑造中使用了叙述元素，详见于她的肖像画作《穿黑裙子的女人》（*Woman in a Black Dress*，1923）。

白日美人裙

法国电影女演员凯瑟琳·德纳芙（Catherine Deneuve）在导演路易斯·布努埃尔（Luis Buñuel）于 1967 年所拍摄的电影《白日美人》中扮演了一名妓女，与该角色形成鲜明的对比，她现实生活中穿着非常得体，尽管这部电影的情节是围绕着控制、虐待和束缚所展开的。她的性感被隐藏起来并没有直接呈现，仅仅通过伊夫·圣·洛朗所设计的全套女主角服装进行暗示，同时标志着设计师和缪斯之间长期合作关系的开始。

当扮演芙丽娜·希瑞兹（Sé verine Serizy）这位无法从丈夫身上获得满足的中产阶级家庭主妇时，德纳芙穿着柔软的粉红色和奶油色面料服装，如针织衫和羊绒衫。而在扮演贝拉这位和客户在豪华的巴黎妓院度过下午时光的妓女时，德纳芙选择了一件黑棕色的双排扣军装风格大衣，由类似漆皮或真皮这种让人产生距离感的硬挺面料制成。

尽管 1967 年超短裙达到流行的巅峰，但在这部电影中，圣·洛朗所设计的连衣裙将裙摆底边停留在膝盖上方一点点的位置，这需要搭配一双比当时流行的高跟鞋稍平坦一点的鞋子。法国鞋履设计师罗杰·维维亚（Roger Vivier）的经典方跟圆头鞋是根据圣洛朗的要求所设计的，用来搭配他 1965 年推出的蒙德里安宽松直筒连衣裙（详见第 208 页）。随着这部电影的上映，这款鞋子也成了畅销款。电影中德纳芙所穿着的服装中包含许多圣·洛朗的典型元素，这些元素在这位设计师的成衣系列中都曾出现过，例如军装风格的大衣和宽松直筒高腰连衣裙。

德纳芙穿着的褐色羊毛高领无袖直筒连衣裙代表了 20 世纪 60 年代的经典款式。同样还有那件驼色羊毛直筒连衣裙，其暗门襟的设计将拉链隐藏了起来，采用拉毛的羊毛面料制成，形成一具保护壳，这种在面料表面进行明缝来强调效果和细节的工艺在那时也流行了起来。为了表现一种服务性的内涵（一副可拆卸的白色衣领和袖口是任何一位实际任务执行人的必备条件，如护士、女服务员，甚至是花花公子俱乐部的兔女郎），德纳芙在电影片尾照顾丈夫时所穿的女仆制服，可能已经以惊人的程度被许多服装品牌所模仿，其中最值得一提的当属维多利亚·贝克汉姆的副线品牌“维多利亚”的 2012/2013 年秋冬大秀。

土耳其长袍裙

在借鉴其他文化的服饰设计中，土耳其长袍一直是最常见的，这是一种简单的T型服装，其造型力倡极简主义，充分利用织物幅宽，不产生一点浪费。可直接从头顶上套穿，通常有各种装饰性的点缀，主要集中在衣服边缘、衣领和袖子上，这些都是服装易磨损的部位。对土耳其长袍的描述最早出现在公元前600年的波斯艺术品中，其制作工艺在13世纪传播到东欧和俄国，并在奥斯曼帝国前期（1299—1923年）达到了顶峰。

自20世纪以来，非西方美学一直对服装设计有着重大影响，当时美国服装设计师杰西·富兰克林·特纳用“异国情调”面料制成的T型轮廓茶会女礼服（见第93页）标志着土耳其长袍正式进入西方时尚领域。其他设计师，包括巴黎的维塔利·巴巴莉（Vitaldi Babani），用这种简单的几何形式拼接，制成了在船型领口和袖子上有华丽刺绣的带金属光泽的丝质土耳其长袍。

非西方时尚的影响力在20世纪30年代逐渐衰退，而后在60年代与嬉皮士一道重新回归。嬉皮士是一个青年亚文化群体，他们用在印度、摩洛哥和远东旅行中所见的服饰穿着，包括绣花棉布土耳其长袍，来表达他们对政治的不满和反物质主义。嬉皮士时尚的追随者们穿着艾米里·璞琪、桑德拉·罗德斯（Zandra Rhodes）、比尔·吉布（Bill Gibb）和阿尔及利亚出生的伊夫·圣·洛朗等欧洲、美国设计师的高端作品，沉浸在逃避现实的幻象中。

西娅·坡特 (Thea Porter) 是最早将奢华嬉皮士风推向公众视野的英国时装设计师之一，她在远途旅行中获取灵感，设计出了以瑞士雪纺、印度手印布、丝绸、织锦和天鹅绒为材质的珠饰刺绣土耳其长袍。艾米里·璞琪也用她标志性的绚烂迷幻的彩色印花图案对棉质土耳其长袍进行了改良。这些服装受到了富豪和诸如玛格丽特公主（Princess Margaret）、塔丽莎·波尔 (Talitha Getty)，以及电影演员伊丽莎白·泰勒等美人的青睐。这些女演员们没有用嬉皮士风的串珠手镯和丝编头带来配搭长袍，而是选择佩戴华丽的珠宝，重新演绎出这种服装过去的富丽堂皇。

左图： Babani品牌由维塔利·巴巴莉于1894年创立于巴黎，该品牌在1919年以前的主要业务是专攻从亚洲进口的商品，那时的设计师制衣受进口货物的影响很大。这件1925年的丝绒晚礼服是一件北非绣花长袍的复制品。

右页图： 从电影明星伊丽莎白·泰勒穿着的各种风格的土耳其长袍可以看出，她喜欢用这种可以隐藏所有身体曲线的衣服来遮挡她健壮的身材。这件由英国设计师西娅·坡特（1927—2000年）设计的土耳其长袍诠释了带有色块印花衣片和扎染色织袖的浪漫嬉皮士风格。

超短裙

作为战后年轻一代的重要象征符号，超短裙曾经一度代表了新社会的秩序。20 世纪 50 年代的保守主义和等级制度让步于“摩登女子”新标签的自由时代。 1955 年，颇具影响力的设计师和精品店时尚芭莎的联合创始人，玛莉·奎恩特与她的丈夫亚历山大·普伦克特·格林（Alexatnder Plunket Greene）一起发布了一款流线型服装，并称之为“切尔西女装”（The Chelsea Look）。她用灰色法兰绒或条纹西装面料制作紧身无袖连衣裙，重新定义了校服，搭配及膝长袜和高领罗纹紧身毛衣，再搭配加长运动衫或超大号 V 领开衫，进行微妙的色彩组合，而并未使用当时流行的赭石、紫红和姜黄等暖色系。一开始，裙子下摆只到膝盖处，直到 20 世纪 60 年代初期，非常时髦的拼接长袜让位于新近开发的紧身裤和连裤袜，时尚记者把 1966 年认定为“腿之年”。

有几位设计师是让裙摆越来越短的主要推动人。约翰·贝茨，Jean Varon 品牌的设计师，1962 年用诸如透明塑料的创意材质制作长度到大腿的裙子。Biba 品牌的芭芭拉·胡兰尼姬承认，她是让超短裙出现在大街小巷的那个人，这完全是一个生产过失的结果：在双面针织布尚且潮湿的情况下进行裁剪，一旦制作成型，它便缩水成了只有 25 cm 长的裙子。巴黎女装设计师安德烈·库雷热通过他 1964 年的“月球女孩”系列为超短裙赢得了高端客户群体，这个有着建筑式简约美感的现代主义全白系列把裙子下摆定位在了膝盖往上数厘米。

模特珍·诗琳普顿（Jean Shrimpton）和后来的崔姬，提供了一种有别于 1950 年代优雅女性曲线的另一种身材范式。她们儿童般的身材比例成为天真少女的典型代表——圆肩、坐着时的内八字脚，或者双腿岔开，这种形象再通过玛丽珍平底鞋和浅色紧身裙加以强调。

20 世纪 80 年代，超短裙重新出现，变成了超超短裙，成为“女神”（Glamazon）着装的标配之一，女性正处在一个炫耀性消费的时代。新超短裙搭配细高跟鞋、尖肩夹克和彰显个性的配饰，代表了职业女性塑造成功人士形象的愿望，而不再是青春期的无聊举止。

左页图： 玛莉·奎恩特（1934—）为重新定义的“青少年”设计现代简约剪裁的服装，在她位于国王路的精品店芭莎销售，宣扬具有时代特征的“青春大骚动”时尚风格。1965 年，她成功地在美国进行了一次“伦敦印象”宣传之旅。

右图： 1964 年，巴黎设计师安德烈·库雷热（1923—）设计了颇有影响力的未来主义银白系列“月球女孩”。搭配有特色的、后来被广为模仿的平底露趾靴。独特的细节和密实的面料组合成一件简洁的 A 型无袖连衣裙，袖窿口的双层缝合让布料更耐磨。

上图： 20 世纪 60 年代人们对欧普艺术的狂热从意大利设计师罗贝多·卡普奇（1930—）的超长紧身连衣裙中可见一斑。长裙上的印花是受维克多·瓦萨雷（Victor Vasarely）1957 年创作的“织女星”图案启发而设计的，变形的方格印花通过图形比例和方向的变化来达到扭曲的视觉效果。

右页图： 法国著名设计师让·保罗·高缇耶在 1996 年将不同宽度的起伏状轮廓线叠加到轻薄似皮肤的尼龙和氨纶针织连衣裙上，创造了一种视幻效果的印花。这种效果重新诠释了什么才是完美的女性身体，强调了女性胸部和臀部的美。

欧普艺术风格裙

现代主义宽松直筒连衣裙和束腰连衣裙在 20 世纪 60 年代为视幻艺术的产生提供了抽象的“画布”，并引发了一场名为“青春大骚动”的时尚浪潮。这个艺术浪潮是一项用奇异视角来愚弄大众眼球的活动。油画艺术家们，如维克托·瓦萨雷里（Victor Vasarely）、布丽姬（Bridget）和赖利 (Riley) 等的纯视幻艺术首次出现在 1961 年，而这个时尚浪潮将视幻艺术从画展的墙上直接搬到了服装上。美国连衣裙制造商赖瑞·阿德瑞克（Larry Aldrich）购买了画家赖利和美国抽象派画家理查德·安努斯科维奇（Richard Anuszkiewicz）的艺术作品，并以此为灵感生产出了一系列面料用于服装制作。赖利曾经将一家时装工坊告上法庭，因为该工坊使用了其某一件作品用于印制服装面料，但是最后并没有胜诉。

几乎在一夜之间，欧普艺术就开始充斥于人们的生活中，从街头潮流服饰到电视广告、文具，再到面料，甚至出现在纸做的裙子上。高潮时期是英国设计师奥西·克拉克和他的同窗好友大卫·霍克尼（David Hockney）访美的时候。这位设计师对他看到的欧普艺术和波普艺术图案产生了狂热的喜爱，在 1964 年的伦敦皇家艺术学院毕业作品秀上，他展出了一件带有迷幻欧普艺术图案的建筑风格大衣，其照片被刊登在 *Vogue* 杂志上，由大卫·贝利拍摄。

这种让人炫目的黑白配款式迅速产生影响。1965 年，当时著名杂志 *Queen* 的前任编辑安妮·特雷赫恩（Anne Trehearne）请约翰·贝茨为黛安娜·里格（Dianna Rigg）设计一套热播剧《复仇者》中角色艾玛·皮尔（Emma Peel）的服装。欧普艺术以起伏的波点、条纹和格子出现在纽约设计师贝齐·约翰逊（Betsey Johnson）和英国设计师组合塔芬和福勒的服装上，促使欧普艺术风格开始进入主流时尚。美国设计师马克·雅可布在其 2013 年春夏纽约时装周的秀场中再现了 20 世纪 60 年代风靡的欧普艺术。该系列的风格酷似安迪·沃霍为时尚偶像伊迪·塞奇威克（Edie Sedgwick）打造的抽象造型。三个星期后，雅可布在巴黎时装周中延续这一视角，并以黄色和白色的棋盘格作为装饰图案，使服装看起来特立独行，展示着一种动态的美。

右图：以20世纪60年代的纽约时尚偶像伊迪·塞奇威克为灵感，马克·雅可布2013年春夏在其同名品牌的系列中展现了扩张、收缩和起伏的欧普艺术条纹和格纹，其中包含大量对角线、水平线和垂直线。从视觉效果上看，衣服像是能够脱离身体而独立运动。

波普艺术风格裙

这种充满活力的拼贴灵感，来自流行艺术家安迪·沃霍尔、罗伊·利希滕斯坦（Roy Lichtenstein）和汤姆·威塞尔曼（Tom Wesselmann）的油画作品，1966 年，伊夫·圣·洛朗的标志性服装系列作品创造了自 20 世纪 30 年代服装设计师夏帕瑞丽与达达主义和超现实主义艺术家们的合作后，艺术与时装的又一次碰撞。

波普艺术起源于 20 世纪 50 年代后期，由英国艺术家理查德·汉密尔顿（Richard Hamilton）和艺术评论家劳伦斯·阿洛韦（Lawrence Alloway）命名，通过对美国工业文化的颂扬，为欧洲的艺术传统提出了审美挑战。根据他们 1957 年的声明，这种新艺术的特点为“流行的、短暂的、廉价的、批量化的、年轻的、诙谐的、性感的和花哨的”。波普艺术涉及对蜉蝣文化的颂扬、名人崇拜，以及各种设计语言的采用，具体包括海报、包装以及媒体图像，所有的这些都提供了一个活泼而又合适的元素，为时装设计师们提供了源源不断的灵感来源。

多产的艺术家安迪·沃霍尔是 20 世纪 60 年代最著名的流行艺术家和纽约艺术界的超级巨星，其作品经常被设计师模仿，包括法国设计师让·夏尔·德·卡斯泰尔巴雅克（Jean-Charles de Castelbajac）。2009 年，卡斯泰尔巴雅克戏仿沃霍尔的复制品和他的丝网印刷作品中的美国偶像，如杰奎琳·肯尼迪和玛丽莲·梦露，他将艺术家的面孔运用在迷你裙的前片上，配上沃霍尔式漂白棉花糖假发。卡斯泰尔巴雅克还引用了流行艺术家理查德·汉密尔顿（Richard Hamilton）的手法，用圆点（Ben-Day dots）来描述沃霍尔的形象。这种印刷工艺始于 1879 年，以插画师和印刷家本杰明·亨利·戴（Benjamin Henry Day Jr）的名字命名。理查德·汉密尔顿在他的许多绘画和雕塑中使用了这种纹理，并对点进行了扩大和夸张化处理。

詹尼·范思哲将服装的美感与流行文化融合在一起。这名意大利设计师以颓废美学而闻名于世，1991 年，他推出的一件印有好莱坞性感女神玛丽莲·梦露以及屏幕偶像詹姆斯·迪恩（James Dean）画像的镶有珠宝的紧身晚礼服裙展现出巨大的魅力。在当今时尚界，作为对强调朴素剪裁的极简主义时期的回应，时尚与艺术的关系又一次变得紧密起来。沃霍尔风格的丝网印刷肖像画，如加百列的作品，为意大利著名设计师缪西娅·普拉达的 2014 年春夏时装系列带去了灵感。

左页图： 缪西娅·普拉达以拉丁美洲壁画艺术家的风格，重现了沃霍尔的切·格瓦拉（Che Guevara）——表达女性平等的标志性作品。她在普拉达 2014 春夏时装系列中展示了派翠·赫斯特（Patty Hearst）和安吉拉·戴维斯（Angela Davis）的抽象肖像。

右图： JCDC 或称让·夏尔·德·卡斯泰尔巴雅克，沉迷于多层面地讽刺波普。在他的 2014 年春夏时装系列中，他复制了从米老鼠到女超人等漫画英雄，后者在秀场中被转化为闪闪发光的直筒连衣裙造型。

上图： 1965 年，伊夫 · 圣 · 洛朗将蒙德里安的几何绘画转变为时尚，取得了巨大的成功。接下来的一年中，他在作品中大量融入波普艺术，如在深色的筒型礼服中，通过放大女性形象，体现出明暗对比。

右图：詹尼·范思哲用15分钟诠释了他设计生涯的最高点。当时，他脑中产生了一个天才的想法，将最高级别的名人形象浓缩到1991年的那场时装秀中。从沃霍尔的作品中获取元素，将流行界中四个最有名的超模收录在内，使琳达·伊凡兰蒂斯（Linda Evangelista）成为20世纪50年代的偶像人物。

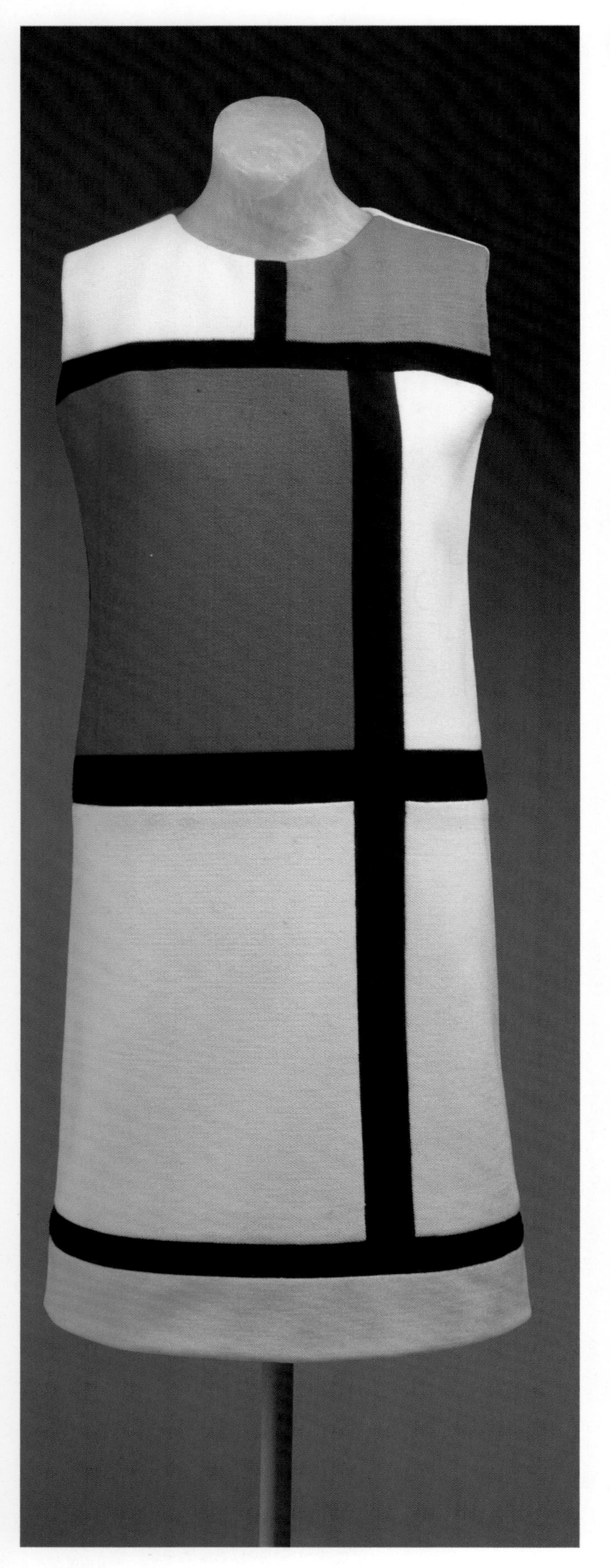

绘画风格裙

来自艺术作品的某些图像是 20 世纪及 21 世纪时尚殿堂中的瑰宝，从达达主义艺术家曼 · 雷的巨大红色嘴唇（为夏帕瑞丽和普拉达的印花带去了灵感），到安迪 · 沃霍尔色彩鲜艳的波普艺术图案，一直被当代设计师们所使用。从 20 世纪 20 年代开始，艺术与时尚一直保持着相互的联系，当时，让 · 巴杜在毛衣设计中采用对比色彩及横条纹就是受毕加索（Picasso）及立体派艺术家乔治 · 布拉克（Georges Braque）的艺术作品所影响。与此同时，罗伯特和索尼娅 · 德劳瑙（Sonia Delaunay）在艺术设计中运用色彩进行了实验，研究出一种称为"同时进行法"（Simultan é isme）的工艺。这种工艺是指将两种颜色排列在一起，再将它们进行混合，可以在索尼娅的第一幅大型绘画作品《舞会》（*Bal Bullier*）中见到。

随着将这些原则在设计中的应用越来越引起人们的兴趣，设计师伊夫 · 圣 · 洛朗将他的实践进行了推广，并运用到了服装中。1924 年，他与高级时装设计师雅克 · 海姆（Jacques Heim）一起开办了一家服装工作室"Boutique Simultan é e"。1965 年，他将原色构成的网格图案运用到一件及膝长的宽松直筒裙中，详见使用红色、黄色，以及蓝色所绘制的 1935 年的画作《组合 C》。作为对蒙德里安在 20 世纪 30 年代创作的新造型主义绘画作品的致敬，这件作品模糊了纯艺术与实用艺术的界限。20 年后，艺术家布拉克（Braque）、马蒂斯（Matisse）、梵高（Van Gogh），以及考克多（Cocteau）的油画作品也出现在了圣 · 洛朗的高级定制时装系列中，并以顶级刺绣工坊勒萨热打造的奢华立体刺绣进行演绎。美国画家如杰克逊 · 波洛克（Jackson Pollock）所创作的抽象主义自由画作，为时装设计师们呈现了一幅动态的画面，同时也为艾尔丹姆的 2011 年秋冬系列提供了灵感来源，面料上印制了颜料滴洒效果的图案。

时尚界的极简主义式微时期之后，不可避免地会出现丰富的印花和鲜艳的色彩，其广泛出现在各种艺术家的作品及艺术活动中。作为著名的极简主义风格品牌赛琳的设计师，菲比 · 费罗在 2014 年的时装系列中采用了高纯度原色绘制成的笔触图案，同时由卡尔 · 拉格菲尔德执掌的香奈儿则几乎把整个潘通色系搬到了 2014 年春夏服装系列中（潘通色系是设计师、制造商、零售商和消费者之间准确沟通色彩的色样，于 1965 年首次面世）。

左页图：超越了受贾斯珀·约翰斯（Jasper Johns）的《目标》（*Target*）影响的伦敦现代时尚，伊夫·圣·洛朗在受到彼埃·蒙德里安的启发后，于 1965 年深入研究了巴黎的文化。令人称道的是，他的这条蒙德里安裙也获得了与原画作地位相当的收藏价值及声誉。

右图：菲比·费罗 2014 年春夏为赛琳所设计的休闲时装系列。她采用了戏剧性的笔触和皮埃尔·索拉茨（Pierre Soulages）的抽象绘画法，让布拉西的涂鸦照片和康定斯基的彩色抽象画形成呼应。

左图： 这件新古典主义时期的长裙采用轻薄的棉质面料制成，使得添加像佩斯利披肩这样的保暖配件成为了必要。不同于维多利亚时代后期的的全幅型佩斯利披肩设计，这件由菲力·路易斯·朱莉·康士坦茨·迪尔福（Félicité–Louise– Julie–Constance de Durfort）所穿着的披肩只在边缘使用了一排图案进行装饰。

右页图： 出生于意大利的纽约设计师乔治·迪·圣·安吉洛（1933—1989 年）是较早将现成的物品进行再创造的设计师，他将旧穗带、贝壳、丝带和羽毛融入宽松轻薄的服装中，反映了 20 世纪 70 年代早期的嬉皮文化。在这条裙子中，印有佩斯利图案的下裙与麂皮上衣通过锁缝的方式拼接在一起。

佩斯利纹样裙

佩斯利纹样是久负盛名的图像之一，为诸如马修·威廉姆森（Matthew Williamson）和意大利奢侈品牌艾特罗（ETRO）等时尚设计师们提供了灵感。有关这种纹样的起源，现在仍然不是很明确，有些人认为这是通过将手握成拳头并用小手指向下按到布中而产生的标记。这种被称为博特（Boteh）或者佩斯利的逗号形图案也被认为是一种荚果，象征着生命和繁衍。

独特的泪滴状图案是克什米尔编织披肩的一种特征。在法国、俄国和英国贵族的追捧下，这种披肩于17世纪末由东印度公司进口至英国。事实证明，披肩非常受欢迎，供不应求，于是苏格兰佩斯利镇的手工丝绸织工便开始复制这一设计。后来披肩变得不再时髦，但这种纹样依旧以佩斯利为通用名称。亚瑟·莱曾比·利伯提在法默·罗杰斯的披肩斗篷商店工作期间曾出售过这种披肩，当他建立了自己的零售商场时，继续在其公司的纺织品中使用佩斯利的设计。这种纹样起源于20世纪初，在20世纪60年代由伦敦的商店通过改变纹样的着色和比例而进行了改造，并将其运用于一种轻薄的服装面料（塔纳细麻布）中。

佩斯利夸张的纹样和自由流动的形式特别适用于演绎迷幻的风格，并被反主流文化群体所追捧。美国设计师乔治·迪·圣·安吉洛（Giorgio di Sant' Angelo）在1973年设计制作了一款拖地长裙，上面运用了充满活力的佩斯利纹样，搭配新古典风格的麂皮上衣，赋予了这种纹样嬉皮士风格的内涵。

近年来，随着设计师们不断夸张化和重塑佩斯里纹样基本的螺旋状图案元素，通过改变“水果”和“叶柄”的长度，并引入特别的色彩，设计成属于设计师们自己独一无二的佩斯利纹样。受到印度之旅的启发，奢侈品牌艾特罗的创始人，吉罗拉莫·艾特罗（Gerolamo “Gimmo” Etro）最初于1981年在其家居用品系列中开发了一组佩斯利产品，后来又将其用于男装和女装配饰系列中。1994年，该公司开始推出成衣系列，这种印度风格的螺旋纹样第一次出现在其品牌的服装中。

背心裙

背心裙的吸引力在于其集简洁性和实用性于一体。它起初是给孩子们穿的一种服装，之所以称为背心裙，是因为它像是“钉在”衣服前面的防护罩。起源于 18 世纪末的背心裙的特征是前面有围兜，肩带在后背打结。过去这种裙子的日常版本是使用棉布或是坯布制成，节日里穿着的版本则是由一种极薄的蝉翼纱制成，肩带上装饰着褶裥花边。20 世纪女学生们穿着的无袖制服采用诸如栗色、棕色，以及海军蓝这样的耐脏颜色，尽管它具有封闭式的后背，带有箱型褶裥自高腰线向下悬垂，但这种服装也演变自早期的围兜背心裙。

在 20 世纪 60 年代的英国，年轻的、有见地的时尚人士都在寻求复古的无袖制服，直到“青春大骚动”时期的设计师玛莉 · 奎恩特推出灰色法兰绒校服背心裙。裙子在膝盖处开衩或者在开衩处插入三角形裁片，穿着时还要配上彩色袜子和靴子。这种款式通过她的“活力集团”品牌迅速传播开来，这是一个价位较低的品牌线，出售厚重的羊毛针织背心裙以及采用芥末绿、李子黑和姜黄等流行色的 V 领 A 型短上衣。紧身、高腰、无袖、带着肩带或者采用低圆领的背心裙，既可以单穿，也可以套在罗纹紧身毛衣外，与那个时代流行的像男孩一样打扮的风潮产生共鸣。

时装中的乡村意象往往包含着对围裙和工作服的运用，它们仅作为装饰而不是为了实用目的，20 世纪 70 年代品牌萝兰 · 爱思（Laura Ashley）就曾成功地证明了这点。这位威尔士设计师在那个时代开始使用田园怀旧风和“回归自然”的设计理念，以从旧印刷海报中看到的天真无邪的挤奶工为灵感进行设计并使用印有小树枝的棉质面料制作服装。与之相对，同时代的黛安 · 冯 · 芙丝汀宝的标志性裹身裙的简洁线条则可以追溯至印有植物的围裹式棉布围裙，这款裙子的底边通常使用与主面料形成对比的斜裁滚条进行包边处理，深受工薪阶层的家庭主妇们喜爱。复杂的缝制工艺使背心裙在维多利亚 · 贝克汉姆同名二线品牌的首秀中跻身为高级时装。胸部和腰部省道被处理成为两条分布在高腰线两侧的垂直缝线，这条使用高档灰色羊毛面料并经过精细裁剪的背心裙仍具有少女的气息。

左页图： 玛莉·奎恩特的这款穿在罗纹紧身毛衣外的低圆领窗格纹背心裙成为每个年轻时髦女孩的必备款。1963年，这位设计师创建了“活力集团”，一条通过百货公司销售的低价品牌线，这使得她的设计被大众所广泛接受。

右图： 出生于苏格兰的伦敦设计师琼·缪尔（Jean Muir）以简洁的风格以及善用诸如针织面料、绒面革和软皮等具有流动性的面料而著称，她在1966年推出自己的品牌。这件20世纪70年代的海军蓝皮革背心裙使用了该设计师标志性的设计手法——将面料进行压褶并在接缝处车缝明线进行装饰。

鞘型裙

古埃及女性穿着的亚麻卡拉西里斯（Kalasiris）是鞘型连衣裙的一种类型，它既合身又能保持松量，可给予身体足够的舒适感。这种风格在整个时尚历史中循环往复，回归时虽然添加了裙环或裙衬，但还是保持了原有的廓型，腰线还保持在自然的位置。鞘型连衣裙因其适型的方式而得名（极其贴身的覆盖物或外壳），其设计与 20 世纪 20 年代的管状无袖衬衫或 20 世纪 50 年代的新造型不同，它没有特别强调身体的任何部位。一般设计为无袖、窄窄的及膝或到小腿中部的 A 型或直筒型裙子，以提供适宜运动的空间。通过使用不同的面料，在正式或非正式场合均适合穿着。

鞘型连衣裙在 20 世纪 50 年代通过引入腰部塑型缝裥省而得到改良，始终保持没有皮带、接缝或腰头，变成了用朴素有质感的材料制作而成的讨喜服装，通常白天穿的裙子用珠皮呢（那个年代很流行的一种面料），晚上穿的裙子用锦缎。鞘型连衣裙不添加毫无关联的褶边、荷叶边、褶裥、多余的裁片、花哨的袖子或太过讲究的领口、纽扣和饰片，其代表了宽松、简洁、具有现代感的战后时尚风格。

与 1957 年的袋型直筒连衣裙（见第 30 页）一样，极简的鞘型连衣裙作为一种大众化的服饰，被生产商迅速推向市场。它被赫伯特·德·纪梵希和克里斯托瓦尔·巴伦夏加这样的女装设计师提升到奢侈品领域，他们在 20 世纪 50 年代末和 60 年代初期用简约的服装廓型作基底，来烘托其奢侈的面料和刺绣装饰。马克·雅可布的副线品牌 Marc for Marc Jacob 和普拉达有类似的产品线，将现代感的鞘型连衣裙作为现有图案的背景。缪西娅·普拉达将色块印花与施华洛世奇水晶装饰于她 2014 年春夏系列的鞘型连衣裙中。美国设计师莱恩·斯科特（L’Wren Scott）将浓烈的魅力灌注到鞘型裙中，使其回归到 20 世纪 50 年代，那个年代像玛丽莲·梦露这样的电影明星穿着更讲究造型的设计。莱恩的同名品牌（从 2006 年持续到 2014 年她逝世）将鞘型连衣裙改造成强调合身的长及小腿肚的铅笔裙。

左页图：这件 1955 年由赫伯特·德·纪梵希设计的珠皮呢鞘型连衣裙体现出无与伦比的技巧和匠心独具的剪裁，也展现了省处理和接缝的创新运用，创造出了塑型紧身上衣、盖袖和贴合身体曲线的廓型。

右图：纽约设计师莱恩·斯科特（1964—2014 年）用彼得潘小圆宽领和翻边短袖来弱化她标志性的严肃的鞘型连衣裙设计。这条裙子被称为“杜巴利伯爵夫人”（Madame du Barry），她是路易十五著名的情妇，众所周知粉红色是她最喜爱的颜色。

纸裙

一次性纸连衣裙代表了 20 世纪 60 年代时尚转瞬即逝的现象，一种长及膝盖的无袖宽松连衣裙，带有各类大胆的印花设计。这类裙子的首创应归于 1966 年费城的斯科特纸业公司（Scott Paper）。这种纸裙的原料是杜拉织物（Dura-Weve），一种 1958 年的专利产品，样式特点为黑白欧普艺术图案和印度扎染印花，通过邮购渠道进行售卖。以聚合纤维素纤维为化学原料，加上人造纤维或聚酰胺纤维增强韧度，这种连衣裙的实用帆布面料可以让人们利用颜料和蜡笔自主设计图案，用剪刀就可以轻而易举地剪裁。

其他裙子参考了流行的波普艺术图案，尤其是安迪·沃霍尔的丝网印花。金宝汤公司（Campbell's Soup Company）也生产和销售纸连衣裙——苏佩裙（Souper Dress），灵感来自于沃霍尔 1962 年为金宝汤公司设计的罐头包装。玛氏公司也发明了一系列纸裙，从基本款 A 字裙、纸晚礼服到全套纸质婚礼服。美国西海岸的约瑟夫·马格宁公司的 28 家商店也在售卖纸裙。

纸裙的短暂性和简单 A 字型造型的方便简易吸引了伦敦的年轻设计师们。希尔维亚·艾顿和桑德拉·罗德斯为乌尔兰德斯百货颇有影响力的“21”商店制作纸连衣裙；西莉亚·波特维尔（Celia Birtwell）为她的设计伙伴奥西·克拉克的纸连衣裙设计花边。黛安·梅耶森（Diane Meyersohn）和乔安妮·斯坦斯坦（Joanne Silverstein）在 1967 年设计的一次性裙子中体现出了一个重要的时代特征，即现代主义棱角分明的图案和太空时代的几何图案让位于怀旧情结。纸连衣裙重新正视了 20 世纪 60 年代初期的简约时尚风格和这个时期的计划性淘汰潮流——由工业设计师布鲁克·史蒂芬斯（Brooks Stevens）于 1954 年提出，同时引出了历史复兴主义，通过卷曲、自由流动的新艺术派印花图案而呈现。尽管被宣传为方便之极，但纸连衣裙仍然不够舒适、实用，并且容易破裂。然而，纤维素面料确实为工厂和医院从业者的一次性服装提供了轻质原材料。

左页图：苏佩裙是一次成功的营销策略。由金宝汤公司1966年生产和销售，这件丝网印花连衣裙利用了纽约艺术家安迪·沃霍尔1962年的艺术作品“金宝汤罐头”（Campbell’s Soup Cans）的名气。

右图：时尚界的著名搭档奥西·克拉克（1942—1996年）和西莉亚·波特维尔（Celia Birtwell，1941—），前者是裁剪大师，后者是织物设计师，他们利用了一种复合纺织纤维来创作这件短袖宽松直筒连衣裙，印着波特维尔的欢乐泡泡图案，这是1966年为英国纺织公司阿歇尔（Ascher）设计的作品。

无上衣身裙

在时尚界，袒胸露乳通常等同于不穿着类似紧身胸衣这样的塑型内衣。“不完整着装”是 17 世纪查理二世斯图尔特宫廷中最崇高的成员才有的特权，为形成一种脱衣的效果，他们在一件宽大的白衬衣之外套一件宽松的一片式外套，这种外套后来演变为女用外套曼图阿。而法国执政内阁时期（1795—1799 年）的音乐剧“Merveilleuses”中出现了几乎将整个胸部暴露在外的极具挑逗性的超低领口高腰紧身连衣裙款式。

在维多利亚时期，使用紧身胸衣塑造的夸张女性曲线虽然强调了胸部和臀部，但它们依然被厚重的织物覆盖，尽管如此，那时的晚礼服已经算非常裸露了。然而 20 世纪 20 年代的时尚随着自由型衬裙的出现，女性开始追求一种无拘无束的舒适感，使得裸露在外的腿部成为了主要的焦点，直到 20 世纪中叶，通过钢圈塑型的饱满胸部才成为了女性新的追求。

美国西海岸激进派时尚设计师鲁迪 · 杰瑞科（Rudi Gernreich）解放了胸部，让它们以最自然的状态呈现。虽然被一家低俗媒体所误解，但美国哈蒙针织品公司（Harmon Knitwear）推出的三件针织连衣裙从来不是一个挑衅行为，而是希望通过设计师的意图去改变社会对裸体的态度。这类礼服是杰瑞科解构女性泳装后的自然进展，当时的女性泳装还是严格按照胸衣轮廓缝制的。1952 年，杰瑞科把针织面料引入泳装，这是战后第一类重视身体自然形态的服装。1964 年，他邀请自己最喜欢的模特佩吉 · 墨菲特（Peggy Moffitt），由她的老公——摄影师威廉 · 克拉克斯顿（William Claxton）为其拍照，向买家和媒体推出了露胸比基尼（Monokini），一种无上衣身的女式泳衣。同年，杰瑞科设计出了没有衬垫和钢圈的中性色调的“隐形文胸”。在这种内衣中，胸部不再被固定成型，而是被允许呈现它们最自然的形状。随后他又设计出了连袜内衣，这种弹力尼龙料的多功能女性紧身内衣可以穿在透明裙装里面，减少了对胸罩的需求。无上衣身裙和露胸比基尼标志着 20 世纪 60 年代人们对裸体态度的转变，尽管当代时尚也曾出现露侧乳的设计或者巧妙挖空领口的礼服，但高端时尚一般情况下还是会遮盖胸部。

左上图：这幅画作由约瑟夫－斯福瑞德 · 杜普莱西（Joseph-Siffred Duplessis，1725—1820 年）绘于 18 世纪晚期，画中人物是玛丽 · 安托瓦内特王后的一位密友玛丽－特里萨－路易斯 · 萨瓦 · 卡里尼昂（Marie-Thérèse-Louise de Savoie-Carignan）。她所穿的这件具有挑逗性的衬裙最早是一种女性内衣，受到王后的推广后开始流行。

左图：加斯东 · 卡西米尔 · 圣－皮埃尔（Gaston Casimir Saint-Pierre，1833—1916 年）绘制的女猎人狄安娜（Diana）的半裸体绘画作品。由于她的神话女神身份，画作才能被 19 世纪的观念所接受。

右图：传统时尚挑战者鲁迪·杰瑞科（1922—1985年）推出了打破禁忌的无上装裙，试图将身体从传统的服装结构中解放出来，并宣扬中性服装的理念——这种露胸的比基尼式服装男性也可以穿。

左图：亚历山大·麦昆在他1997/1998年秋冬系列作品中将人和动物的关系表现得淋漓尽致。用动物皮制作服装能够使人与动物产生直接的共鸣：将同样的皮革制成的长手套与连衣裙整合在一起，就像是复原了这幅皮革原本主人的前肢。

皮革裙

服装形式的演变大致是按照两种主要方式进行的：一是将方形织物围裹或是披挂在身体上；二是将动物的毛皮通过裁剪、捆绑，再通过缝纫等方式将其转变为合体服装。面料文化的发展演变是人类文明发展的写照，尽管早期的动物毛皮处理工艺只停留在保持原皮毛的最初面貌上，甚至有的毛皮还连接在动物的头颅上。这种潜在的影响力延续到当代时尚中，并且皮革经过数千年积累的各种功能内涵使其获得了更加广泛的使用——从马具到安全带、服装和盔甲。

设计师经常模仿一些简朴的初级制作技巧，试图营造一种原始的感觉，这种风格多见于 20 世纪 60 年代，那时候嬉皮士们仿照美国印第安人穿流苏鹿皮服装。美国设计师乔治·迪·圣安吉（Giorgio di Sant' Angelo）创新了一个奢华版本，将天然形状的小山羊皮通过锁缝技巧缝合起来，最后成为一条带珠子和流苏装饰的单肩超短裙。英国设计师亚历山大·麦昆在他 1997/1998 年秋冬系列“丛林”（It' s Jungle Out There）中展现了他驾驭动物皮料的能力，这些设计用仿真动物面具和震慑人的动物角作配饰，来探索捕食动物和被捕对象之间的关系。

女战士风格是 20 世纪 80 年代利落剪裁最突出的典型，英国设计师安东尼·普赖斯（Antony Price）把模特瑞莉·霍尔（Jerry Hall）打造成艳遇捕猎者，一个穿着镶满拉链和铆钉的黑色机车裙的时尚瓦力基里（Valkyrie）。意大利设计师詹尼·范思哲在他 1992/1993 年秋冬系列“困缚”（Bondage）中推出伞裙晚礼服，其用多块皮革面料拼接起来，且带着捆绑的鞭打纹样和扣环，并由众多名模展示，包括琳达·伊万格丽斯塔（Linda Evangelista）、娜奥米·坎贝尔（Naomi Campbell）和克里斯蒂·特林顿（Christy Turlington）。

动物皮也能够处理成柔软、光滑的表面，采用和其他面料一样的加工方式进行加工——刺绣、印花和激光切割，制成的服装其软柔度可以与真丝媲美。美国设计师唐纳·卡兰的副线品牌 DKNY 推出了一款背心式无袖连衣裙，将皮革面料与涂层网眼布料拼接，尽显娇媚的女性气质与运动奢华风。

上图：多娜泰拉·范思哲用这件 1999 年的带毛裙边的哥特风格直筒礼服成功吸引了麦当娜。螺旋状、带珠饰的压线缝合裂缝透过无形的薄纱让人体露出撩人的一面。

朋克别针裙

桑德拉·罗德斯在20世纪70年代中期通过她标志性的大胆印花图案与个性化服装巧妙结合，成为英国设计师精英圈中的资深波西米亚式人物。1976年朋克运动的激变创造了一个断层，它在颓废的青年文化与主流商业需求、高端时尚的关系上有别于其他风格。让很多年轻朋克们气愤的是，罗德斯敢于填补这个分歧裂口，她1977年的“概念时尚”设计系列中的黑色和粉色撕裂人造丝毛线连衣裙，将作为朋克自我表达符号的链条和安全别针放置在与其对立的装饰效果上。当最初的朋克们，如美国音乐家和诗人、霓虹男孩（the Neon Boys）组合里的理查德·赫尔（Richard Hell），在其虚无主义的倡言中生动地表达安全别针的实用性和“谦卑性”时，罗德斯选择使用人造钻石珠子美化别针来进行暗讽。通过这个有趣的倒置（颠覆那些颠覆分子），她制造了一种模糊的可能性，即在拥抱不同人生哲学或生活方式的同时，仍旧将感官主义潮流投射进奢华和魅力之中。人造丝毛线衫的一个典型特性是活动时的弹性，扩大了身体自然摆动的幅度，同时也能很好地勾勒出人体曲线。后来被尊称为“朋克公主”的桑德拉·罗德斯为前卫颓废风格的兴起开创了几个先例，她仅仅通过重塑别针、链条和谨慎摆放的撕裂痕迹等朋克象征符号这一行为，便让它们成为了摇滚服饰中不可获缺的元素，并在接下来的几十年中不时地被借用。

1994年，当电影演员莉兹·赫莉（Liz Hurley）穿着装饰金别针的黑色开衩丝绸莱卡连衣裙参加《四个婚礼和一个葬礼》的首映式时，詹尼·范思哲的这条裙子为她带来了连篇累牍的媒体报道。在某个时段，这件礼服被特指为“那条裙子”，一直是范思哲风格的代表，也展现了一种如何依靠一条设计精彩绝伦的连衣裙来开创职业生涯的范例。流行天后Lady Gaga在2012年接下衣钵，穿了同样由范思哲出品的复刻版连衣裙——别针碎片裙的改良短款。

左上图：范思哲出品。女演员伊丽莎白·赫莉于1994年穿的这条迎合低级趣味、充满挑逗意味的深V领朋克风格礼服将她送上了所有全国性报纸的头版，也果断地将这条裙子推到了时尚史上举足轻重的地位。

右上图：作为著名的暴露爱好者，Lady Gaga在多娜泰拉·范思哲的协助推广下，成为范思哲2012年定制服装的最佳传播媒介。这条三件式的裙装包括黑色运动文胸及搭配的热裤和短裙，用高级定制的朋克安全别针连结，组成一条连衣裙的样式。

右页图：DIY街头朋克们对衣服进行各式各样的随意破坏，然后混乱地用安全别针维持衣服的样貌。与之相反，桑德拉·罗德斯摒弃了原版偶然的虚无主义，而改用其惯用的巧妙的组合来设置各种裂口、别针和链条。

左图： 通过探索罗姆文化，即贯穿印度到西班牙的历史文化，出生于英国的设计师爱德华·米德汉姆（Edward Meadham，1979—）以及出生于法国的本杰明·基尔霍夫（Benjamin Kirchhoff，1978—），两位设计师共同成立的品牌米德汉姆·基尔霍夫（Meadham Kirchhoff）在2010/2011年秋冬秀场上推出了这款霓虹色的印度拉贾斯坦新娘装。

右页上图： 这幅名为《我们的某些移民》的肖像，是由奥古斯都·谢尔曼（Augustus Sherman）所拍摄的，并于1907年刊登在《国家地理》杂志上。肖像中的妙龄少女来自于乌克兰西南部的鲁塞尼亚。该图向我们展示了她所属部落的服装：一块绑在脑后的狄丽卡头巾和一件绣花的鲁巴克哈（Rubakha）。

吉普赛风格裙

尽管人们对此说法存在相当大的争议，但是在历史上罗姆人被认为过着一种富有诗意的、游牧的生活，并且享受着田园般的消遣。正是这种浪漫的生活方式，使得从 18 世纪开始流行所谓的“吉普赛”风格，并且发展成为当代的波希米亚风格。

14 世纪，罗姆人从印度经过波斯迁移到东欧和西欧，自那时起，这些罗姆人一直是以少数民族的形式生活在另外一个国家，他们穿着的服饰反映了其宗教和民族特点。东欧的吉普赛人所穿着的服饰被认为是与一般意义上传统的“吉普赛人”服装最为接近的：一条下摆带有皱褶饰边的鲜艳织花图案过膝裙，一件有抽绳领口的泡芙袖上衣，头上绑着一条在脑后打结的狄丽卡头巾（Dilko）。

吉普赛人的财富常常是转换成珠宝或金币（噶比，Galbi），通常这两样东西被编织进女性的头发或者缝入她的衣服中。时尚界的“局外人”通常能够与吉普赛文化产生共鸣，这其中就包括威尔士裔艺术家奥古斯都·约翰（Augustus John）的情妇朵丽雅·麦克尼尔（Dorelia McNeill）。这位艺术家和他的“女神”花了很多时间坐着吉普赛大篷车在英国旅行，最终他们在多塞特建立了一个波西米亚公社。朵丽雅采用了一种自由的罗马风格，试图使之不受到 20 世纪初传统道德观的束缚，她穿着色彩鲜艳的无胸衣礼服，设立了一种优美别致的时尚典范。

作为世界最知名、最具影响力的设计师之一的伊夫·圣·洛朗在 1970 年将罗姆风格运用于他的高级成衣设计中，其服装使用束带衬衫领、褶饰边下摆和流苏腰带。后来在 2001 年，作为当时伊夫·圣·洛朗服装品牌创意总监的汤姆·福特，为致敬伊夫·圣·洛朗，也设计出了一套系在腰间的流苏披肩以及褶边衬衫。当代的设计师继续受到罗姆文化的启发：杜嘉·班纳、米德汉姆·基尔霍夫和约翰·加利亚诺在其 2004 年同名品牌秀场上，使用华丽的装饰面料为人们奉献了一场罗姆风格的时尚盛宴。约翰·加里亚诺受到西亚也门部落的船员启发，将超宽的克里诺林裙衬和游牧部落的服装相结合，将一块花头巾绑在脑后，在丰盈的假发上挂着一串小型的坛坛罐罐。

右下图： 吉普赛风格的服装不断地吸取世界上土著居民的传统服饰特征，并将它们转化成为高端时尚服装，约翰·加利亚诺将他的民族想象与其对“吉普赛”风格的认识相结合，运用在其 2004/2005 年秋冬设计中，体现了一种民俗印花与过度装饰主义的融合。

波点裙

波尔卡圆点花纹代表着一种热情洋溢、充满趣味的生活，具有强大的视觉吸引力，这对于那些想要表达年轻人无忧无虑性格特点的设计师来说是无法抗拒的。这种设计灵感最初来源于泳装，表达了那种无忧无虑的玩乐精神。比如：1951 年，玛丽·莲梦露曾身穿一套两件式的圆点花纹泳衣拍照；流行歌手布莱恩·海兰德 (Brian Hyland) 曾在 1961 年演唱过著名的歌曲《黄色圆点花纹比基尼》。通常这种图案是由一系列等大的实心圆圈组成，通过两种对比色彩相对紧密地排列在一起，在视觉上形成一种正负空间感。这种图案是多方向的，由重复的五个等距点构成，正是这种常见的重复图案将波尔卡圆点花纹与简单的圆点图案区分开来。

1928 年，迪斯尼卡通人物米妮老鼠（Minnie Mouse）在影片《汽船威利》中穿着黑白圆点的裙子，这是波尔卡圆点裙在电影领域的首秀。虽然早期的影片都是黑白的，但是彩色圆点裙在 20 世纪 30 年代迅速变得流行起来。19 世纪中期，包括巴尔曼、杰奎斯·菲斯和克里斯汀·迪奥在内的时装设计师们将这种卡通般的图案形象转变为一种优雅，并且迪奥在 1948 年“使节”（Envoi）系列中运用了深蓝色圆点花纹。20 世纪 60 年代，圆点花纹是设计师伊夫·圣·洛朗最喜欢的图案元素，他在这 10 年中以大面积分布的硬币大小的圆点花纹为特色，改变了经典的蓝白配色，将其运用到他的标志性红蓝配色裙中。

日本艺术家草间弥生（Yayoi Kusama）极其迷恋这种圆点花纹，她将这种圆点花纹描述为“圆润、柔软、色彩鲜艳、令人着迷，充满未知性，圆点花纹是一篇乐章……它是一条通往永恒的路径”。2012 年，草间弥生受邀与马克·雅各布合作，为法国时尚品牌路易·威登设计一个“胶囊”系列，用来呼应草间弥生在惠特尼美国艺术博物馆（Whitney Museum of American Art）中新展出的作品。这使得一系列的服装以及配件以草间弥生的风格诞生，她标志性的波点花纹覆盖了所有单品，从包到连衣裙，其中亮点是一件黄色的带褶边低腰连衣裙。2013/2014 年秋冬，缪西娅·普拉达在“小姐妹”品牌缪缪中，将排列整齐的粉色和黑色对比色波尔卡圆点图案与校园女孩横条纹图案相结合设计出一系列服装，更突出了这种图案的天真本性。

左图：以一种典型的巴黎风格，缪西娅·普拉达在 2013/2014 年缪缪的秋冬系列中采用了不同寻常的黑粉配色小型圆点花纹，并且搭配了条纹以及一些俏皮的细节，从而将年轻女学生循规蹈矩的纽扣式装束与一种隐秘的俏皮风格有效地结合在一起。

右页图：伊夫·圣·洛朗与高级时装设计师克里斯托瓦尔·巴伦夏加的设计精神有一定的神似之处，1964 年，圣·洛朗将荷叶边、荷叶袖与西班牙弗拉明戈服装的绒球装饰条相结合，并将它们运用到一件娃娃装廓型服装中，从而设计出一件多色圆点花纹的年轻派鸡尾酒礼服。

左图： 作为一股时尚风潮以及衣柜中的必备单品，这件由美国设计师黛安·冯·芙丝汀宝设计的多用途围裹裙解决了女性“由昼向夜”变装的难题。在白天搭配一件布雷泽外套，到了夜晚则可以单穿着围裹式连衣裙赴宴。

右页图： 受20世纪中期的创新设计师，如极简主义美学风格的代表克莱尔·麦卡德尔的影响，罗伊·侯斯顿·弗罗威克（Roy Halston Frowick，1932—1990年）在20世纪70年代期间，设计了这款同样具有多种穿法的服装。它有一条长腰带，可以让穿戴者围绕上身进行自由调节而产生不同的穿着效果。

围裹裙

美国设计师黛安·冯·芙丝汀宝在合适的时间推出了她的围裹式连衣裙。当时，女性迫切地需要一套实用的工作服装，用来替代反文化主义浪潮后期的嬉皮士服装以及库雷热风格的连裤装。作为当时的一种文化现象，围裹裙成为了代表自由的典型例子，既富有魅力又有权威性，女权主义的第二波浪潮将它们引向了工作场所，与此同时也颂扬了性自由的乐趣。这种没有拉链、钩眼或者其他纽扣的裙子，成为了女性性解放的象征（由于这条裙子很容易穿上，也很容易脱下）。设计者冯·芙丝汀宝说："女性如果需要的话可以在一分钟之内脱下它。"第一件围裹裙的诞生是在 1973 年，那个时代的时尚风气是将衣服设计得极为合体，尤其是在躯干的部位。

裙子的设计灵感来自于朱莉·尼克松·艾森豪威尔 (Julie Nixon Eisenhower)，她当时身穿黛安·冯·芙丝汀宝所设计的围裹式上衣和裙子出现在电视屏幕上，随后黛安·冯·芙丝汀宝便决定将朱莉身穿的两件作品合二为一。这款一件式的围裹服装取得了巨大的成功，以其单款服装超过 500 万件的销量创造了一个全球时尚帝国。同时品牌将"穿这款衣服，穿出女人的感觉"作为口号印刷在每一件服装标签上，并成为了该公司的注册商标。这款裙子对于女性来说，具有一种普遍的吸引力，冯·芙丝汀宝在她的自传《标志性的一生》(1998 年) 中写道，"围裹裙满足了几代人，超越了地域差异与社会经济差异的界限。"

围裹裙还跨越了身材差异的障碍。这款服装非常讨人喜欢，采用深 V 型领口，穿着者还可以根据需要来调整领口的大小。简单的围裙式衣片在腰部及臀部处环绕，紧紧地包裹住身体，裙摆部分却向外展开，以便女性在活动过程中不受裙摆的约束。面料采用柔软的人造丝与纯棉混纺，并且印有最常见的哺乳动物或爬行动物的印花图案，同时也有一些小型的抽象几何纹样。随着 20 世纪 70 年代兴起的一股怀旧时尚风潮的兴起，再度燃起了人们对于围裹裙的热情。1997 年，冯·芙丝汀宝的标志性印花裙再次重现，但是其款式略有改变，以适应当代人的品味，即采用更小的圆形领口、裙子的长度也变得更短，且用真丝针织面料取代了棉布。

上图： 诺玛 · 卡玛丽于1974年设计的新款橙色降落伞礼服裙。原本的丝绸面料被更为耐用和防水的尼龙面料所替代。后者的空气孔隙率较低。因降落伞面料材质固有的飘逸魅力让这件华服格外与众不同。

右页图： 第二次世界大战期间，利用非法供应的降落伞丝绸制作而成的私人物品，是战时打破定量配给政策的一大幽默。史密森学会（The Smithsonian Institute）保留了一个更为实用的降落伞文物，这是克劳德 · 亨辛克少校的新娘用挽救他生命的降落伞所制成的婚纱礼服。

降落伞裙

设计师们经常利用时尚碎片，如二手服装或军用剩余物资，并将其转变为高档时尚用品。降落伞，它不仅仅是一种通过创造阻力、减缓物体在大气中运动的功能性设备，通常还会为时尚设计师提供灵感，但在严酷的战争时期，由于丝绸和尼龙面料的短缺，降落伞还被用于制作特殊场合的特殊服装，例如婚礼服。

1944年，一名驾驶B-29飞机的美国飞行员克劳德 · 亨辛克（Claude Hensinger）少校，在飞机引擎着火时，使用降落伞逃生，并在日本占据的领土上从飞机中安全地跳下。他保留了这个降落伞，并将其回了家乡宾夕法尼亚州，他的准新娘鲁斯将这个尼龙降落伞制成了她的婚纱礼服。礼服仿照沃尔特 · 普伦克特（Walter Plunkett）为1939年历史巨作《飘》所设计的的服饰，利用原降落伞弦作为抽绳来缩短前身下摆的布料，从而制造出前短后长的裙裾。

纽约设计师诺玛 · 卡玛丽（Norma Kamali），是一名运动服设计的先驱，她于1975年推出了自己的传奇降落伞礼服。这位设计师以擅用她搜集到的面料进行创作而闻名，例如雪尼尔床单、源于马里的泥布和十分具有影响力的睡袋布料，因此，她的同事（霍斯顿的创意总监）将朝鲜战争时期遗留下来的老式丝绸降落伞赠予给她。卡玛丽运用从军需店搜集而来的战利品，以及一些时尚服装的资源，对从达夫尔大衣到飞行夹克进行了改造，并制成新的服装。卡玛丽保留了降落伞原本的工艺构造，创造了一种依赖于缝合在布料中的束带来控制宽窄和合身度的连衣裙：飘逸轻盈的丝绸被褶裥和缩褶塑造成一个蓬松鼓起的裙子，拉紧缝合在裙中的粗线则可对裙子长度进行调节。通过使用不同的剪裁方式与色彩搭配，设计师继续推出新款降落伞礼服。随后的设计包括将束带运用于胸衣和袖子中，提供了更为灵活的长度与体量的变化，且在制作具有合体紧身上衣和裙裾的维多利亚风格的婚纱礼服时，这种工艺显得尤为有效。

20世纪80年代预示着“内部紧身胸衣”时代的到来，人们在健身房将身体打造成完美曲线，代替了使用像紧身胸衣这样的外部装置对身体进行塑型。突尼斯籍设计师阿瑟丁·阿拉亚（Azzedine Alaïa，1940—）率先将有形体意识的服装潮流与他1985的设计作品侧面系带连衣裙相结合，如图中由模特格雷斯·琼斯（Grace Jones）所展示的这件作品。

紧身裙

具有身体意识的时尚意味着完美的曲线，这是一种经过塑造的、性感有力且广受欢迎的身材自信，首次出现在 20 世纪 80 年代，当时人们将有弹性的织物制成服装来凸显运动型体格。被时尚媒体界誉为“紧身衣之王”的突尼斯设计师阿瑟丁 · 阿拉亚，于 20 世纪 80 年代设计了一组包括贴身连体套装以及管状紧身衣的全黑时装系列，为将紧身风格引入主流时尚起到了重要作用。与他敬佩的前辈，20 世纪 20 年代的裁剪大师玛德琳 · 维奥内特一样，阿拉亚尝试了斜裁的工艺手法，同时也直接使用了立体裁剪的方式进行设计，以达到作品与身体完美契合的效果。尽管他的礼服看上去像循着身体本身的线条，实际上其剪裁是为了创造完美造型，依靠面料的弹性以及复杂的螺旋形分割来弥补、修正原本身体不够完美的线条。

他标志性的侧面系带礼服是在 1985 年推出的，紧随其后的是绿色醋酸纤维针织制成的一条装有弧形拉链的鱼尾晚礼服。阿拉亚所创造出来的性感廓型，通常搭配不透明的黑色紧身衣，曾出现在由传奇英国摄影师特伦斯 · 多诺曼（Terence Donovan）在 1986 年为罗伯特 · 帕玛（Robert Palmer）所拍摄的著名音乐影片《为爱沉迷》中。

绷带礼服的首次亮相是 1989 年作为荷芙 · 妮格（Hervé Léger）时装秀的压轴，它是利用缝合在一起的弹性织带，从肩膀到下摆装饰与塑造身体曲线。绷带（Bandage）与束缚（Bondage）的英文单词仅有一个元音的区别，但两者都描述了类似的将布条紧密缠绕在身体上的效果，以达到压缩与控制女性身材的作用。相比之下，法国设计师罗兰 · 穆雷（Roland Mouret）的“银河”礼服则是在结构上添加了支撑效果。这款裙子在 2005 年一经面世，便轰动一时，唤起了人们对 20 世纪 40 年代好莱坞电影明星魅力的回忆。这种裙子由一种称为强力纤维的 Powerflex 面料制造而成，该面料坚韧有弹性，此前用于制作内衣。这款连衣裙通过束缚来加强自然曲线，将身体塑造成沙漏廓型。同时强调了胸部和平滑的腹部，用带有皱褶的袖口和延长的肩线使上臂线条看起来更为优美，并缩小了臀部。贴身的铅笔裙在膝盖处变窄，最后在下摆处形成一个小的鱼尾。

紧紧地包裹住身体的同时凸显身体曲线，并用高腰剪裁拉长身体比例，罗兰 · 穆雷的“银河”礼服裙在 2005 年成为最受欢迎的衣服。在当时流行时尚还局限于波西米亚风格的层层缀饰时，银河礼服为人们带去了回归沙漏型风格的选择。

左图： 法国设计师荷芙·佩格尼特（Hervé Peugnet，出于商业目的而改名为荷芙·妮格）于1989年运用单色人造丝和莱卡针织制成绷带状面料，设计出紧紧包裹身体的长及脚踝的晚礼服。

右页图： 荷芙妮格商标于1998年被美国BCBG Max Azria集团收购。麦克斯（Max）和露波弗·阿兹利亚（Lubov Azria）通过引入奢华运动元素，继续推出新款的绷带礼服，图中所展示的裸色条纹连衣裙来自2014年的度假系列。

拉链裙

20 世纪初，工业的进步和各项发明促进了产品的制造和零售，改变了经济。其中就包括由美国籍瑞典工程师吉德昂·逊德巴克（Gideon Sundback）于 1913 年所研发的拉链，这是一种“无钩扣件”，它的工作原理是由一个滑动器将一系列紧密排列的“齿”组合在一起。拉链使服装的结构发生了革命性的变化：它易于开闭，能够实现服装的完美合体性，并可以替代各种按钮、风纪扣、环、带和蝴蝶结，来作为服装闭合的手段。

具有悠久历史的法国著名品牌爱马仕，是首个将拉链运用于时装的品牌。该企业创始人的孙子埃米尔·莫里斯（Emile-Maurice）在一次前往加拿大的旅行中，预见了当时运用在帆布车顶中的拉链的潜力，随后便获得了两年欧洲独家专利使用权。“爱马仕拉链”的首次亮相是在该品牌的第一件皮革服装上，这件带拉链的高尔夫夹克是 1922 年为威尔士亲王所打造的。

拉链的实用性方面最初遇到了来自服装行业的一些阻力，它的应用被局限在日常服装上，直到前卫设计师艾尔莎·夏帕瑞丽大胆地将拉链运用在晚礼服上。虽然自 20 世纪起至 21 世纪，拉链的实用性和通用性得到了广泛的赞誉，但拉链也意味着可以轻易地接触到赤裸的身体，为直接的肌肤接触提供了可能。

在 20 世纪 60 年代的“青春大骚动”时尚风潮中，拉链用于装饰迷你连衣裙前片，在拉链的拉锁上通常带有一个超大的圆环。在 20 世纪 80 年代重新定义了紧身礼服的突尼斯设计师阿瑟丁·阿拉亚（详见第 233 页），在 1986 年将拉链运用在了他的美人鱼晚礼服中。这条裙子使用绿色醋酸纤维针织物制成，在裙片的弧形接缝处装上了一条旋转的拉链，用以给裙子增加一个兜帽。英国设计师维多利亚·贝克汉姆所设计的绷带鞘型紧身礼服，拉链在背部蜿蜒向上。

左图：维多利亚·贝克汉姆于 2008 年推出了自己的时装处女秀，并通过一系列紧身礼服确立起自己的声誉。在高级定制中，拉链采用的是手工缝制，并使其隐形。但在 2012/2013 年秋冬秀场中，贝克汉姆将拉链装置在了服装的外面，使服装极具特色。

右页图：这款经典的羊毛针织原型迷你连衣裙，是由玛莉·奎恩特于 1964 年设计的，其简单的线条以及穿着舒适的下降式腰线与褶裙，成为现代时尚的典范。连衣裙在前中破开，安装了一条拉链控制开合方式，从臀部延伸到颈部，与衣身面料形成对比的方形彼得潘领连接。

左图：每种颜色都可以通过增加明度、降低纯度或与其他颜色相混合，来形成新的色相。卡尔·拉格菲尔德在2014年春夏为意大利奢侈品品牌芬迪设计了一系列红色基调的激光切割欧根纱连衣裙，创造出流动的色彩感。

色块拼接裙

与服装的其他要素相比，色彩是引人关注的首要元素，剪裁、结构与质感都会受到面料色彩的影响。作为 20 世纪初横跨一系列艺术运动和理论的关注重点，抽象色彩组合不可避免地被纳入到时尚设计的语汇中。随着对具象派的追求热潮消退，艺术家和理论家将不同的学派划分与重新排列，探索感官的基本构成以及情感在色彩、线条和造型中的表现。奥佩斯特·罗伯特(Orphicists Robert) 和索尼娅 · 德劳耐 (Sonia Delaunay) 在立体主义的艺术背景下，引领先锋潮流带着前卫的思想寻找以纯粹的抽象形式渲染明亮色彩的愉悦感，同时将它们运用到服装中。

到了 20 世纪 20 年代，现代主义的基本原理得到了巩固，并在 1919 年由瓦尔特 · 格罗皮乌斯 (Walter Gropius) 所创立的包豪斯学派理念中得以体现。诸如约翰 · 伊顿 (Johannes Itten) 和约瑟夫 · 亚伯斯 (Josef Albers) 等导师，对抽象表达在色彩关系以及抽象形态中的表现进行了推论与宣传。这一理论传承对诸多学科的设计师都有所启发，且不时地在众多时装设计师的创意设计中占据主导地位。

洛克山达 · 埃琳西克 (Roksanda Ilincic) 在她的 2014 年系列中，与约瑟夫 & 安妮 · 亚伯斯基金会 (Josef & Anni Albers Foundation) 建立了非常密切的联系，她创作出了数款色块拼接连衣裙，直接致敬 1963 年约瑟夫 · 亚伯斯 (Josef Albers) 的色彩交互理论。通过将纯色以棱角分明的区域形式分配在服装的不同部位，产生不平衡的对称，埃琳西克通过控制诸如色温、强度和对比性等原则，使穿着拼色连衣裙的人物充满活力。服装中不同颜色的裁片完美接合，饱和的色彩以及面料的密度加强了色块的硬朗性，仿佛直接将亚伯斯印刷颜色的底漆转移到服装中。

在卡尔 · 拉格菲尔德 2014 年为芬迪春夏所设计的系列中，动态的色彩使设计主题增添了一层迂回的性质，激光切割的透明分层欧根纱用于表现水波的视错效果。通过面料的组合，呈现出色彩渐变的力量，随着色调越来越淡，色彩最终消失。

右图： 色彩拼接（在一种服装上运用多种纯色）在 14 世纪的多彩服装中也能见到。精致的现代拼色服装，是出生于塞尔维亚的伦敦设计师洛克山达 · 埃琳西克(1970—）作品的标志性元素，其在这件 2014 年春夏系列的服装中可见一斑。

解构主义风格裙

通过参与1980年代反时尚的“广岛时尚”（Hiroshima-chic）运动，川久保玲开始挑战时尚中的传统成见。在探索人类与服装关系的立场方面，川久保玲被誉为时尚设计领域解构主义的先锋。其灵感主要源于雅克·德里达（Jacques Derrida）的文学批评和符号分析的解构主义哲学理论，并对建筑和时尚等领域中的创意美学进行了不同程度的探讨。

在解构主义“光谱”的理性端，比利时设计师安·迪穆拉米斯特（Ann Demeulemeester）、德赖斯·范·诺顿和马丁·马吉拉都获得了时尚界评论人士的最高赞誉——尤其是马吉拉，得到了近乎对待救世主式的崇敬。其内在逻辑是，时尚和服装的复杂语言中的符号不仅在它们的常规物理语境下带有意义，而且在被视为解构的碎片，从视觉文化的沉积层中提升出来并被重置成有力的新变调时，也具有修辞作用。这种分析过程为矛盾体的重新组合提供了一系列的工具：错位、节省、倒置、挪用、重新定位和比例与材料的调整。

到了2007年，川久保玲的品牌“像男孩一样”在创作上已经驾轻就熟，在对文化考古学精髓的使用上也轻而易举。她春夏系列中的轻薄雪纺连衣裙把日本和欧洲图腾中毫不相干的元素结合起来。精准的红、黑和白是传统的日本风格，因为红色缎面上的大尺寸不透明圆圈容易使人联想起日本国旗，艺伎的白色妆面也容易被识别，尽管缺少唇部与眼部的妆容。与之形成对比的是，透明薄纱材质裙子的基底形式又有维多利亚式睡裙的欧洲意象，衬衫接缝部分不透明的地方勾勒出了其基本的结构裁片。一件剪裁得体的黑色光滑泡泡纱夹克被解构和修剪，这些碎片通过这条裙子与红色圆圈一起再重新分配，构成了最后的抽象成品。

马丁·马吉拉品牌的2009年春夏系列也参考了维多利亚和爱德华时代的女性闺房服饰，但大幅调整了美好时代式衬裙那种急剧束紧的胸衣尺寸，为丰满壮硕的身材提供了余地。

左图：川久保玲的2007年春夏系列解构了一件西式风格剪裁的夹克，其碎片随后在一件丝绸欧根纱裙上被重新设计拼接，与象征日本国旗的红白圆圈相结合。设计师认为这是“现有设计中最纯粹的形式”。

右页图：2002年，侯赛因·卡拉扬选择用一个关于巫毒、诅咒和迷信的传说重返秀场。时装展示的叙述语言讲述了服装从完整的剪裁，经过时间的推移而退化的过程，到最后被解构性破坏。这是一条经过分解、精细布置破布层的裙子。

不对称裙

对称被认为是最令人愉悦的美学原则，它通过中心线两侧各部分的精确对应来建立平衡与和谐感。尽管在 18 世纪中期的洛可可时代，织物、印花和绣花丝绸等上面的不对称图案就很受欢迎（其特点为非对称性，或贝壳形状，人们称之为漩涡装饰），但在服装设计中刻意制造的不对称性却是 20 世纪才出现的现象。

不对称造成了视觉错位，扰乱了公认的着装规范。1949 年，女装设计师克里斯汀·迪奥发布了“Z”字形系列服装，不对称就此被人们所喜爱。次年，他又发布了斜线系列，使用的元素包括诸如环绕女性紧身胸衣和裙子的对角线褶皱、不对称的领口和带有荷叶边腰饰的短裙、绑扎或围裹在身体一侧，以及下摆不规则的裙子和在某一点向外夸张延伸的衣领等。所有的这些设计细节都出自于迪奥长瘦型的系列服装中，并取代了他赖以成名的沙漏廓型作品。

不对称的细节在运用于迪奥的定制服装后产生的效果尤为明显，但当设计师将其运用到晚装时，也产生了不错的效果，最著名的例子当属以法国知名时尚插画师瑞内·高（René Gruau）命名的象牙色丝绸晚礼服。这件衣服的特征为具有两排呈对角线排列的包布扣，在胸部和臀部之间形成平行四边形，突出了礼服的旋转性整体造型。平衡与和谐在有褶边的紧身胸衣和臀部以下的褶皱中得以体现。2013 年迪奥高级时装系列的创意总监，比利时出生的设计师拉夫·西蒙在仔细研究品牌高级定制的档案，参考历任主理人所设计的系列包括最初的不对称系列后，在系列中重现了不对称的设计，将一件运用了斜线分割的立裁上衣与一条衬裙搭配组合在一起。在现代时装设计中，极端不对称具有前卫的内涵，这种概念化的服装穿起来十分复杂，常见于日本设计师的作品，如川久保玲的品牌“像男孩一样”和渡边淳弥（Junya Watanabe）的作品。不过，新锐设计师乔纳森·威廉·安德森在 2013 年春夏时装周上大玩不对称形式，并大胆地使用了实验性面料，通过悬垂、扭结和面料打褶等手法创造出新的构成方式以及服装廓型，斜跨紧身上衣的三个黑色仿皮褶皱结装饰的及踝长波浪纹裙裾是其设计理念的缩影。

左页图：1949 年，克里斯汀·迪奥以知名时尚插画师瑞内·高命名的不对称礼服。他们的创意合作始于 1947 年的迪奥“新风貌”时装，而瑞内·高在迪奥英年早逝后依旧传播着来自“迪奥时装屋”的美学。

左图：实现让女性娇美如花，是迪奥在创作不对称裙时的愿望。拉夫·西蒙于 2013 年，在其为迪奥效力的第二个系列中，推出了这件及地长礼服。这件礼服将面料聚集在臀部，形成了不规则的轮廓。

水晶裙

施华洛世奇水晶是由丹尼尔·施华洛世奇（Daniel Swarovski）所发明，用于增加装饰效果，从而凸显时尚魅力的一种装饰品。施华洛世奇出生于波希米亚，这里是玻璃工业的中心——他发明了一种精密研磨技术，可以在一道工序中打磨出数百块铅玻璃（用于制造人造宝石）宝石，并因此主导了20—21世纪铅玻璃产品的生产。通过将铅和硅石相融合，并用石灰石和碳酸钙在极高的温度下对其进行煅烧，由此制造而成的玻璃具有很高的折射度，可以像其他珍贵的宝石一样进行切面打造。20世纪20年代，施华洛世奇将这些水晶珠应用到了布料上，并为此申请了专利，在当时那个流行厚重装饰的及膝晚礼服的年代，这种工艺效果的面料立刻受到了当时诸如夏帕瑞丽和香奈儿等设计师们的热烈追捧。与金银丝面料蕾丝，闪光装饰亮片，金银丝边，串珠，以及人造宝石（这是一个通用术语，指的是使用石英、铅玻璃等材料的人工制品）一起，这些水晶被设计师们运用于打造反光的金属感材料，并成为了像玛琳·黛德丽（Marlene Dietrich）这样的银幕明星们的“宠儿”。玛琳·黛德丽所展现的神秘魅力以及隐约的性感依赖于灯光的渲染、充满异域风情和戏剧性效果的毛皮装饰斗篷，以及蕾丝贴身连衣裙；同时，水晶的点缀更有效地增强了她在荧屏上的效果。其与导演约瑟夫·冯·斯坦伯格（Josef von Sternberg，斯坦伯格采用在夜间拍摄室内日间镜头进行拍摄，由此对玛琳·黛德丽的面部特写进行灯光渲染）以及好莱坞著名戏剧服装设计师特拉维斯·班通通力合作，将由他们三人所共同打造的黛德丽形象置于一种浪漫的背景之下。

水晶装饰的时尚几乎不可避免地与夜晚的魅力紧密联系在一起，并且这种流行趋势依据晚礼服的设计风格迥异而各不相同。2006年，施华洛世奇发起了“天桥挑战”项目（Runway Rocks），并邀请像克里斯托弗·凯恩、让·保罗·高提耶和安东尼奥·贝拉尔迪这样的设计师共同参与，挖掘水晶的设计潜力，并且配合刺绣和激光切割效果设计出更为复杂的装饰品或者为设计作品提供更有力的戏剧性效果。2007年，设计师候塞因·卡拉扬在与时尚摄影师尼克·奈特（Nick Knight）联手合作推出的一部时尚影片中，设计了一款镶嵌有施华洛世奇水晶以及200多盏镭射激光束的连衣裙。2009年春夏，在设计师亚历山大·麦昆的一个颂扬自然世界的系列中，他将水晶元素运用到“自然方面的不同，非自然方面的选择”（Natural Dis-Tinction, Un- Natural Selection）成衣系列中。这位鬼才设计师所设计的礼服就像是甲虫的硬壳一样，表面镶嵌着黑色的刻面水晶。

左页图：尽管恩斯特·刘别谦（Ernst Lubitsch）的浪漫喜剧《天使》（1937年）是黑白电影，但是由好莱坞服装设计师特拉维斯·班通为剧中女演员玛琳·黛德丽（1901—1992年）所设计的水晶镶嵌式礼服在灯光的渲染下，为这位明星增添了无法估量的荧屏魅力。

右图：亚历山大·麦昆在其2009年春夏成衣系列时装中，以21世纪发展过程中产生的负面影响为灵感，并在细节上进行丰富设计，将水晶装饰在一个“甲虫式硬壳”的沙漏型服装结构表面。

ERNSEHEN

雕塑感连衣裙

服装的创作在一定程度上依赖于微妙的三维立体构成变化来平衡服装的结构，并在服装结构中与面料质地和色彩完美地结合在一起。有时，设计师会直接参考使用雕塑和建筑的刚性材料来制造视觉效果，这种交叉借鉴是对服装在视觉文化大潮流中浸润的肯定。紧随 1965 年受到空间探索的启发推出的“宇宙”（Cosmocorps）系列，1968 年皮尔·卡丹使用了由联合碳化物公司生产的一种专利面料系统——卡丁（Cardine），这使得他能够将几何形图案雕刻在服装的表面，形成一种浮雕效果，这与当时立体几何抽象的题材效果如出一辙，如 1965 年纽约现代艺术博物馆（MOMA）主题为“眼睛的反应”（The Responsive Eye）展出的由艺术家维克多·瓦萨雷（Victor Vasarely）、埃尔斯沃思·凯利（Ellsworth Kelly）和弗兰克·斯特拉（Frank Stella）所设计的三维设计作品。卡丹的设计作品还与测地线、构成主义雕塑，以及当时的建筑联系起来，尤其是欧文·豪尔（Erwin Hauer）以及巴克敏斯特·富勒（Buckminster Fuller）的作品。随后，卡丹将其极简主义风格的设计作品通过打孔的形式来表现未来主义，以此向亨利·穆尔（Henry Moore）和芭芭拉·赫普沃斯（Barbara Hepworth）的穿孔雕塑致敬。

汤姆·福特于 2012 年的春夏系列再一次带领人们回顾了这些作品，当时连衣裙的图案似乎影射赫普沃斯的青铜作品 *Two Forms (Divided Circle)*。赫普沃斯没有从严格的对称性上寻找统一感，而是在不稳定性的边缘点通过分布和开口来寻找平衡。通过另外一种形式的表现，福特使用了深色的廓型来突出圆形的阴影部分，形成白色带状空隙，将图形作为中心的固定支点，使得躯干的曲线条对应整体轮廓的抽象意向。2007 年，日本著名时装设计师山本耀司以其结构紧密的羊毛毡质感针织裙规避了那些被接受的有关诱惑、性别或实用性的概念，与理查德·塞拉（Richard Serra）的巨大弧线钢铁装置艺术有着类似的建筑学意义上的冲击力。塞拉用奇特的比例和无与伦比的原始形式来处理感知，而山本则在人体上覆盖曲线织物，它们带着自然的重力，形成一种宁静致远的境界。

左页图：皮尔·卡丹在 1968 年设计的这款雕塑感连衣裙是在新野兽派倾向中将雕刻与建筑相融合而设计的，这件服装中重复的单元模块被看做是整合的块状和形态，由于光影的改变而产生了光学动感。

下图：山本耀司设计的这款端庄的围裹式及地长裙，反映出雕塑工艺的一种沉思冥想的气息，鲜明而又抽象。在侧面看过去就像是退化了的天使之翼，精确地平行于细长的袖窿口，掠过胸前。这种整块面料式的剪裁方式体现了山本耀司对雕塑感面料娴熟的操控能力。

左图： 在侯塞因·卡拉扬2009年春夏服装系列作品“惯性”（Inertia）中，他试图捕捉冻结的动态瞬间，以雕塑的形式呈现这种元素的力量。

阅读书目推荐

Baines, Barbara. *Fashion Revivals from the Elizabethan Age to the Present Day*. B.T.Batsford Ltd, London, 1981.

Blaszczyk, Regina Lee. *The Colour Revolution.*
The MIT Press, Cambridge, Massachusetts and London, 2012.

Bolton, Andrew. *Wild: Fashion Untamed*. The Metropolitan Museum of Art New York, Yale University Press, New Haven, Connecticut, 2005.

Breward, Christopher. *Fashion*. Oxford University Press, Oxford, 2003.

Charles-Roux, Ednonde. *Chanel and Her World*. Weidenfeld and Nicolson, London, 1982.

Chierichetti, David. *The Life and Times of Hollywood's Celebrated Costume Designer*
Edith Head. Harper Collins, New York, 2003.

Coleridge, Nicholas. *The Fashion Conspiracy: A Remarkable Journey through the Empires of Fashion*. Heinemann, London, 1988.

Dior, Christian. *Dior by Dior*. Weidenfeld & Nicolson, London, 1957.

Evans, Caroline. *Fashion at the Edge*. Yale
University Press, New Haven, Connecticut, 2003.

Fogg, Marnie. *Boutique: A '60s Cultural Phenomenon*. Mitchell Beazley, London, 2003.

Hartnell, Norman. *The Silver and the Gold.*
Evans Brothers Ltd, London, 1955.

Kennett, Frances. *Coco: The Life and Love of Gabrielle Chanel.*
Victor Gollancz Ltd, London, 1980.

Laver, James. *Costume and Fashion: A Concise History*. Thames & Hudson, London, 1969.

Lee-Potter, Charlie. *Sportswear in Vogue Since 1910.* The Conde Nast Publications Ltd, London, 1984.

Mears, Patricia. *American Beauty: Aesthetics and Innovation in Fashion.* Yale University Press, New Haven, Connecticut, 2009.

Milbank, Caroline Rennolds. *New York Fashion: The Evolution of American Style.* Harry N. Abrams, Inc., New York, 1989.

Reeder, Jan Glier. *High Style: Masterworks from the Brooklyn Museum Costume Collection at the Metropolitan Museum of Art.* Yale University Press. New Haven, Connecticut, 2010.

Schiaparelli, Elsa. *Shocking Life.* J.M. Dent & Sons Ltd, London, 1954.

Steele, Valerie. *Fashion Italian Style.* Yale University Press, New Haven, Connecticut, 2003.

Steele, Valerie. *Fifty Years of Fashion.* Yale University Press, New Haven, Connecticut, 1997.

Von Furstenberg, Diane. *Diane, A Signature Life.* Simon & Schuster, New York, 1998.

Wilcox, Claire, Valerie Mendes & Chiara Buss. *The Art of Gianni Versace.* V&A Publications, London, 2002.

Wilcox, Claire. *The Golden Age of Couture: Paris and London 1947–1957.* V&A Publications, London, 2008.

Williams, Beryl. *Fashion Is Our Business.* John Gifford Limited, London, 1948.

致谢

感谢莉莎·戴尔（Lisa Dyer）、梅布尔·钱（Mabel Chan），以及Carlton出版公司的艾玛·科波斯科特（Emma Copestake），还有我的女儿艾米莉·安格斯（Emily Angus）。